기적의 문제 해결법

초등 4-1

길벗스쿨

유형 탄생의 비밀을 알면

최상위 수학문제도 만만해!

✧ 최상위 수학학습, 사고하는 과정이 중요하다!

개념 이해를 확인하는 기본 수학문제는 보는 순간 쉽게 풀어 정답을 구할 수 있습니다.
이때는 문제가 비교적 단순해서 깊은 사고가 필요하지 않습니다.
그렇다면 어려운 수학문제는 어떨까요?
'도대체 무엇을 구하라는 것이지? 어떤 방법으로 풀어야 하지?' 등 문제를 이해하는 것부터
어떤 개념을 적용하여 어떤 순서로 해결할지 여러 가지 생각을 하게 됩니다.
만약 답이 틀렸다면 문제를 다시 읽고, 왜 틀렸는지 생각하고, 옳은 답을 구하기
위해 다시 계획하고 실행하는 사고 과정을 반복하게 됩니다. 이처럼 어려운 문제를
해결하기 위해 논리적으로 사고하는 과정 속에서 수학적 사고력과 문제해결력이
향상됩니다. 이것이 바로 최상위 수학학습을 해야 하는 이유입니다.

수학은 문제를
해결하는 힘을 기르는
학문이에요. 선행보다는
심화가 실력 향상에 더
도움이 됩니다.

✧ 최상위 수학학습, 초등에서는 달라야 한다!

어려운 수학문제를 논리적으로 생각해서 풀기란 쉽지 않습니다.
논리적 사고가 완전히 발달하지 못한 초등학생에게는 더더욱 힘든 일입니다.
피아제의 인지발달 단계에 따르면 추상적인 개념에 대한 논리적이고
체계적인 사고는 11세 이후 발달하며, 그 이전에는 자신이 직접 경험한
구체적 경험 중심의 직관적, 논리적 조작사고가 이루어집니다.
이에 초등학생의 최상위 수학학습은 중고등학생과는 달라야 합니다.
초등학생의 심화학습은 학생의 인지발달 단계에 맞게 구체적 경험을
통해 논리적으로 조작하는 사고 방법을 익히는 것에 중점을 두어야 합니다.
그래야만 학년이 올라감에 따라 체계적, 논리적 사고를 활용하여 학습할 수 있습니다.

초등학생은 아직 추상적
개념에 대한 논리적 사고력이
부족하므로 중고등학생과는 다른
학습설계가 필요합니다.

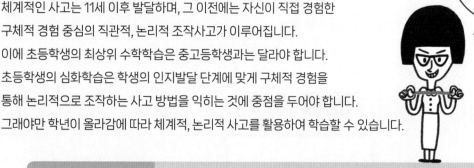

초등 1, 2학년	• 암기력이 가장 좋은 시기 • 구구단과 같은 암기 위주의 단순반복 학습, 개념을 확장하는 선행심화 학습 • 호기심이나 상상을 촉진하는 다양한 활동을 통한 경험심화 학습
초등 3, 4학년	• 구체적 사물들 간의 관계성을 통하여 사고를 확대해 나가는 시기 • 배운 개념이 다른 개념으로 어떻게 확장, 응용되는지 구체적인 문제들을 통해 인지하고, 그 사이의 인과관계를 유추하는 응용심화 학습
초등 5, 6학년	• 추상적, 논리적 사고가 시작되는 시기 • 공부의 양보다는 생각의 깊이를 더해 주는 사고심화 학습

유형 탄생의 비밀을 알면 해결전략이 보인다!

중고등학생은 다양한 문제를 학습하면서 스스로 조직화하고 정교화할 수 있지만
초등학생은 아직 논리적 사고가 미약하기에 스스로 조직화하며 학습하기가 어렵습니다.
그러므로 최상위 수학학습을 시작할 때 무작정 다양한 문제를 풀기보다 어려운 문제들을 관련 있는
것끼리 묶어 함께 학습하는 것이 효과적입니다. 문제와 문제가 어떻게 유기적으로 연결, 발전되는지
파악하고, 그에 따라 해결전략은 어떻게 바뀌는지 구체적으로 비교하며 학습하는 것이 좋습니다.
그래야 문제를 이해하기 쉽고, 비슷한 문제에 응용하기도 쉽습니다.

◉ 최상위 수학문제를 조직화하는 3가지 원리 ◉

해결전략이나 문제형태가
비슷해 보이는 유형

1. 비교설계

비슷해 보이지만 다른 해결전략을 적용해야 하는 경우와 똑같은 해결전략을 활용
하지만 표현 방식이나 소재가 다른 경우는 함께 비교하며 학습해야 해결전략의
공통점과 차이점을 확실히 알 수 있습니다. 이 유형의 문제들은 서로 혼동하여 틀
리기 쉬우므로 문제별 이용되는 해결전략을 꼭 구분하여 기억합니다.

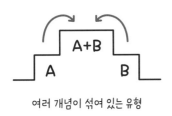

여러 개념이 섞여 있는 유형

2. 결합설계

수학은 나선형 학습! 한 번 배우고 끝나는 것이 아니라 개념에 개념을 더하며 확
장해 나갑니다. 문제도 여러 개념을 섞어 종합적으로 확인하는 최상위 문제가 있
습니다. 각각의 개념을 먼저 명확히 알고 있어야 여러 개념이 결합된 문제를 해
결할 수 있습니다. 이에 각각의 개념을 확인하는 문제를 먼저 학습한 다음, 결합
문제를 풀면서 어떤 개념을 먼저 적용하는지 해결순서에 주의하며 학습합니다.

문제의 조건이 변하며
난이도가 올라가는 유형

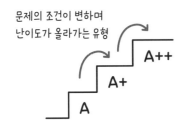

3. 심화설계

어려운 문제는 기본 문제에서 조건을 하나씩 추가하거나 낯설게 변형하여 만
듭니다. 이때 문제의 조건이 바뀜에 따라 해결전략, 풀이 과정이 알고 있는 것과
어떻게 달라지는지를 비교하면서 학습하면 문제 이해도 빠르고, 해결도 쉽습니
다. 나아가 더 어려운 문제가 주어졌을 때 어떻게 적용할지 알 수 있어 문제해결
력을 키울 수 있습니다.

유형 탄생의 세 가지 비밀과 공략법
1. 비교설계 : 해결전략의 공통점과 차이점을 기억하기
2. 결합설계 : 개념 적용 순서를 주의하기
3. 심화설계 : 조건변화에 따른 해결과정을 비교하기

해결전략과 문제해결과정을 쉽게 익히는
기적의 문제해결법 학습설계

기적의 문제해결법은 최상위 수학문제를 출제 원리에 따라 분리 설계하여 문제와 문제가 어떻게 유기적으로 연결, 발전되는지, 그에 따른 해결전략은 어떻게 달라지는지 구체적으로 비교 학습할 수 있도록 구성되어 있습니다.

1 해결전략의 공통점과 차이점을 비교할 수 있는 'ABC 비교설계'

A 원의 크기가 같을 때 반지름 구하기
┗ 지름과 반지름의 관계를 비교

B 원이 포개어 있을 때 반지름 구하기
┗ 작은 원의 위치에 따른 비교

C 원이 겹쳐 있을 때 반지름 구하기
┗ 작은 원의 크기에 따른 비교

D 크기가 다른 원이 맞닿아 있을 때 지름 구하기

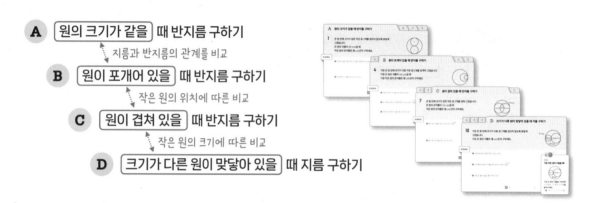

2 각 개념을 먼저 학습 후 결합문제를 해결하는 'A+B 결합설계'

A 분자에 ■가 있는 식 완성하기
⊕
B 분모에 ■가 있는 식 완성하기

A+B 어떤 분수 구하기
분자, 분모가 될 수 있는 수의 조건을 알아야
결합문제 해결 가능

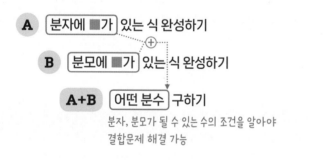

3 조건 변화에 따른 풀이의 변화를 파악할 수 있는 'A++ 심화설계'

A 가장 큰 수 만들기

A+ 세 번째로 큰 수 만들기

A++ 자리 숫자가 정해진 가장 큰 수 만들기
문제 조건에 따라
큰 수 만드는 풀이 변화 확인

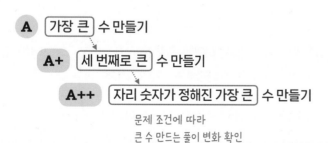

수학적 문제해결력을 키우는
기적의 문제해결법 구성

Step 1
계획부터
점검까지

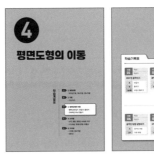

언제, 얼마나 공부할지 스스로 계획하고, 학습 후 기억에 남는 내용을 기록하며 스스로 평가합니다. 이때, 내일 다시 도전할 문제, 한 번 더 풀어 볼 문제, 비슷한 문제를 찾아 더 풀어 보기 등 구체적으로 나의 학습 상태를 기록하는 것이 좋습니다.

Step 2
단계별로
문제해결

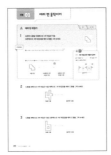
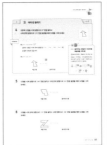

학기별 대표 최상위 수학문제 40여 가지를 엄선!
다양한 변형 문제들을 3가지 원리에 따라 조직화하여
해결전략과 해결과정을 비교하면서 학습할 수 있습니다.

Step 3
스스로
문제해결

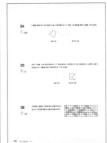

정답을 맞히는 것도 중요하지만, 어떻게 이해하고 논리적으로 사고하는지가 더 중요합니다. 정답뿐만 아니라 해결과정에 오류나 허점은 없는지 꼼꼼하게 확인하고, 이해되지 않는 문제는 관련 유형으로 돌아가서 재점검하여 이해도를 높입니다.

이름

_____ 의 **공부 다짐**

나 _____ 은(는) 「기적의 문제해결법」을 공부할 때

1 스스로 계획하고 실천하겠습니다.

- 언제, 얼마만큼(공부 시간과 학습량) 공부할 것인지 나에게 맞게, 내가 정하겠습니다.
- 채점을 하면서 틀린 부분은 없는지, 틀렸다면 왜 틀렸는지도 살펴보겠습니다.
- 오늘 공부를 반성하며 다음에 더 필요한 공부도 계획하겠습니다.

2 일단, 내 힘으로 풀어 보겠습니다.

- 어떻게 풀지 모르겠어도 혼자 생각하며 해결하려고 노력하겠습니다.
- 생각하지도 않고 부모님이나 선생님께 묻지 않겠습니다.
- 풀이책을 보며 문제를 풀지 않겠습니다.
  풀이책은 채점할 때, 채점 후 왜 틀렸는지 알아볼 때만 사용하겠습니다.

3 딱! 집중하겠습니다.

- 딴짓하지 않고, 문제를 해결하는 것에만 딱! 집중하겠습니다.
- 목표로 한 양(또는 시간)을 다 풀 때까지 책상에서 일어나지 않겠습니다.
- 빨리 푸는 것보다 집중해서 정확하게 푸는 것이 더 중요함을 기억하겠습니다.

4 최상위 문제! 나도 할 수 있습니다.

- 매일 '나는 수학을 잘한다, 수학이 만만하다, 수학이 재미있다'라고 생각하겠습니다.
- 모르니까 공부하는 것! 많이 틀렸어도 절대로 실망하거나 자신감을 잃지 않겠습니다.
- 어려워도 포기하지 않고 계속! 도전하겠습니다.

차례

1

큰 수

학습기록표

유형 01	학습일
	학습평가

돈을 활용한 문제

A	만 단위 금액
A+	조, 억 단위 금액
B	다른 지폐로 바꾸기

유형 02	학습일
	학습평가

큰 수로 나타내기

A	수로 나타내기
B	모으기
C	가르기

유형 03	학습일
	학습평가

자릿값의 몇 배

A	자릿값 관계
B	개수와 높이 관계

유형 04	학습일
	학습평가

큰 수의 크기 비교

A	수 비교
A+	수 구한 다음 비교

유형 05	학습일
	학습평가

□가 있는 수의 크기 비교

A	같은 자리 비교
B	0, 9 넣어 비교

유형 06	학습일
	학습평가

수 카드로 수 만들기

A	가장 큰
A+	세 번째로 큰
A++	자리 숫자가 정해진

유형 07	학습일
	학습평가

조건을 모두 만족하는 수

A	다섯 자리 수
A+	가장 큰 수

유형 08	학습일
	학습평가

뛰어 세기의 활용

A	수직선에 나타낸 수
A+	매출액
B	인구

유형 09	학습일
	학습평가

처음 수 구하기

A	뛰어 센 수
B	몇 배인 수

유형 마스터	학습일
	학습평가

큰 수

A 저금통에 들어 있는 돈 구하기

A+ | B

1 지민이의 저금통에는
10000원짜리 지폐 1장, 1000원짜리 지폐 17장, 100원짜리 동전 24개, 10원짜리 동전 6개가 들어 있습니다.
지민이의 저금통에 들어 있는 돈은 모두 얼마인지 구하세요.

문제해결

┌ 일의 자리를 맞춰서 쓰면 합을 구하기 편해요.

❶ 각각의 금액 구하기

10000원짜리 지폐	1장 ⇨						원
1000원짜리 지폐	17장 ⇨						원 ?
100원짜리 동전	24개 ⇨						원
10원짜리 동전	6개 ⇨						원
저금통에 들어 있는 돈	⇨						원

❷ 저금통에 들어 있는 돈 구하기

답 ( )

비법 0의 개수에 주의해!

지폐, 동전의 금액을 수로 나타낼 때에는 돈의 개수 뒤에 돈의 단위만큼 0을 붙여요.

0을 3개 붙여요.

1000원짜리 10장이면 10000원
1000원짜리 11장이면 11000원
1000원짜리 12장이면 12000원

2 도희는 전자사전을 사기 위해 10000원짜리 지폐 13장, 1000원짜리 지폐 38장, 100원짜리 동전 9개, 10원짜리 동전 1개를 냈습니다. 전자사전의 가격은 얼마인지 구하세요.

( )

3 어느 가게에서 지난달 은행에 10000원짜리 지폐 260장, 1000원짜리 지폐 25장, 100원짜리 동전 43개, 10원짜리 동전 8개를 예금했습니다. 이 가게가 지난달 은행에 예금한 돈은 모두 얼마인지 구하세요.

( )

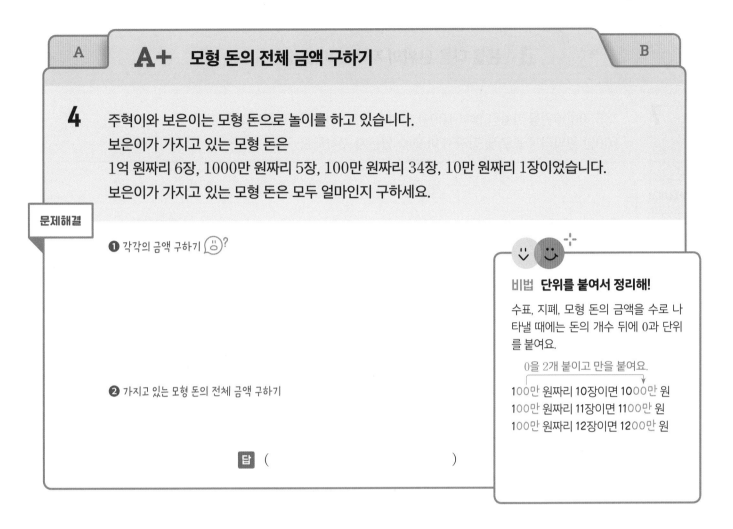

| A | | B |

A+ 모형 돈의 전체 금액 구하기

4 주혁이와 보은이는 모형 돈으로 놀이를 하고 있습니다.
보은이가 가지고 있는 모형 돈은
1억 원짜리 6장, 1000만 원짜리 5장, 100만 원짜리 34장, 10만 원짜리 1장이었습니다.
보은이가 가지고 있는 모형 돈은 모두 얼마인지 구하세요.

문제해결

❶ 각각의 금액 구하기

❷ 가지고 있는 모형 돈의 전체 금액 구하기

답 ( )

비법 단위를 붙여서 정리해!

수표, 지폐, 모형 돈의 금액을 수로 나타낼 때에는 돈의 개수 뒤에 0과 단위를 붙여요.

0을 2개 붙이고 만을 붙여요.

100만 원짜리 10장이면 1000만 원
100만 원짜리 11장이면 1100만 원
100만 원짜리 12장이면 1200만 원

5 어느 나라의 수출액이 1000억 원짜리 수표 8장, 100억 원짜리 수표 15장, 10억 원짜리 수표 7장, 1억 원짜리 수표 6장이었습니다. 이 나라의 수출액은 모두 얼마인지 구하세요.

( )

6 모형 돈은 모두 얼마인지 구하세요.

1조 원짜리 3장, 1000억 원짜리 6장, 100억 원짜리 29장

( )

A	A+	**B** **돈을 다른 단위의 지폐로 바꾸기**

7 23500000원을 가능한 많이 100만 원짜리 수표로 바꾸려고 합니다.
100만 원짜리 수표로 몇 장까지 바꿀 수 있는지 구하세요.

문제해결

❶ 23500000은 100만이 몇 개까지 있는지 구하기

23500000 ⇨ ☐☐☐☐ 만

⇨ 100만이 ☐ 개까지 있습니다.

❷ 100만 원짜리 수표로 몇 장까지 바꿀 수 있는지 구하기 (⌣)?

비법
몇십만 원은 바꿀 수 없어!

100만 원보다 적은 돈은 100만 원짜리 수표로 바꿀 수 없어요.

예 50만 < 100만이므로 50만 원은 100만 원짜리 수표로 바꿀 수 없어요.

답 ( )

8 97680000원을 가능한 많이 10만 원짜리 수표로 바꾸려고 합니다. 10만 원짜리 수표로 몇 장까지 바꿀 수 있는지 구하세요.

( )

9 은행에 예금한 돈 42700000원을 100만 원짜리 수표와 10만 원짜리 수표로 찾으려고 합니다. 수표의 수를 가장 적게 하여 찾으려면 100만 원짜리 수표와 10만 원짜리 수표로 각각 몇 장을 찾아야 하는지 구하세요.

수표의 수를 가장 적게 하려면 100만 원짜리 수표로 가능한 많이 찾아야 해요.

100만 원짜리 수표 ( )

10만 원짜리 수표 ( )

A 수로 나타내기

B C

1 13자리 수로 쓸 때 0은 모두 몇 개인지 구하세요.

> 조가 6개, 억이 950개, 만이 8402개인 수

문제해결

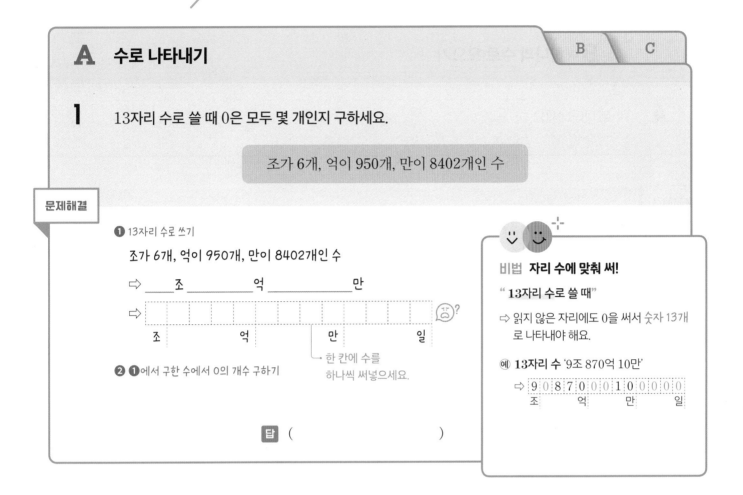

❶ 13자리 수로 쓰기

조가 6개, 억이 950개, 만이 8402개인 수

⇨ _____조_____억_____만

⇨ [ ]조 [ ]억 [ ]만 [ ]일

└ 한 칸에 수를
하나씩 써넣으세요.

❷ ❶에서 구한 수에서 0의 개수 구하기

답 (   )

비법 **자리 수에 맞춰 써!**

" 13자리 수로 쓸 때"

⇨ 읽지 않은 자리에도 0을 써서 숫자 13개
로 나타내야 해요.

예 **13자리 수** '9조 870억 10만'

⇨ 9 0 8 7 0 0 0 1 0 0 0 0 0
조   억   만   일

2 한결이가 말한 수를 11자리 수로 쓸 때 0은 모두 몇 개인지 구하세요.

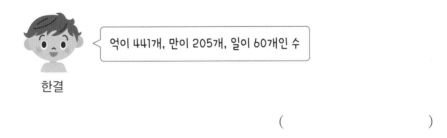

억이 441개, 만이 205개, 일이 60개인 수

한결

(   )

3 수를 각각 15자리 수로 쓸 때 0의 개수가 더 많은 것의 기호를 쓰세요.

> ㉠ 조가 770개, 억이 3개, 만이 1900개, 일이 34개인 수
> ㉡ 이백구조 삼천사백억 오십일만 육백칠

(   )

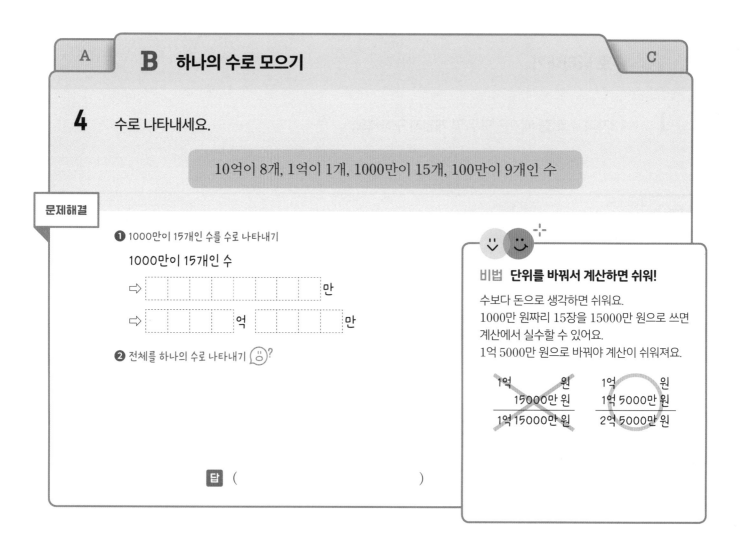

A | **B 하나의 수로 모으기** | C

4 수로 나타내세요.

> 10억이 8개, 1억이 1개, 1000만이 15개, 100만이 9개인 수

문제해결

❶ 1000만이 15개인 수를 수로 나타내기

1000만이 15개인 수

⇨ ☐☐☐☐☐☐☐ 만

⇨ ☐☐☐☐ 억 ☐☐☐☐ 만

❷ 전체를 하나의 수로 나타내기 😊?

비법 단위를 바꿔서 계산하면 쉬워!

수보다 돈으로 생각하면 쉬워요.
1000만 원짜리 15장을 15000만 원으로 쓰면
계산에서 실수할 수 있어요.
1억 5000만 원으로 바꿔야 계산이 쉬워져요.

~~1억   원~~   1억   원
~~15000만 원~~   1억 5000만 원
~~1억 15000만 원~~   2억 5000만 원

답 (   )

5 수로 나타내세요.

> 1000억이 42개, 10억이 1개, 1000만이 31개, 100만이 7개, 만이 5개인 수

(   )

6 어느 나라의 국가 예산은 ■원입니다. ■를 다음과 같이 나타내었을 때 이 나라의 국가 예산은 얼마인지 구하세요.

> 10조가 5개, 1조가 16개, 1000억이 27개, 100억이 8개, 1000만이 51개인 수

(   )

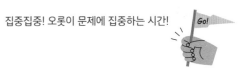

A	B	**C 수 가르기**

7 □ 안에 알맞은 수를 구하세요.

> 7640억은 1000억이 6개, 100억이 12개, 10억이 □개인 수

문제해결

❶ 1000억이 6개, 100억이 12개인 수를 하나의 수로 나타내기

❷ ❶에서 구한 수가 7640억이 되려면 더 필요한 수 구하기

❸ □ 안에 알맞은 수 구하기

답 (   )

비법 수를 나타내는 방법

• 1000억의 개수가 1개 적어지면
  100억의 개수가 10개 많아져요.
• 100억의 개수가 1개 적어지면
  10억의 개수가 10개 많아져요.

7640억
┌ 1000억이 7개 ⇨ 6개 ⇨ 6개
├ 100억이 6개 ⇨ 16개 ⇨ 15개
└   10억이 4개 ⇨ 4개 ⇨ 14개

---

8 □ 안에 알맞은 수를 구하세요.

> 4980만은 1000만이 3개, 100만이 14개, 10만이 □개인 수

(   )

9 다음이 나타내는 수가 850000000000000일 때 □ 안에 알맞은 수를 구하세요.

> 100조가 6개, 10조가 23개, 1조가 □개인 수

(   )

A **나타내는 값이 몇 배인지 구하기** B

1 ㉠이 나타내는 값은 ㉡이 나타내는 값의 몇 배인지 구하세요.

5638000	751200
㉠	㉡

문제해결

❶ ㉠과 ㉡이 나타내는 값 각각 구하기

❷ ㉠이 나타내는 값은 ㉡이 나타내는 값의 몇 배인지 구하기 ?

답 (   )

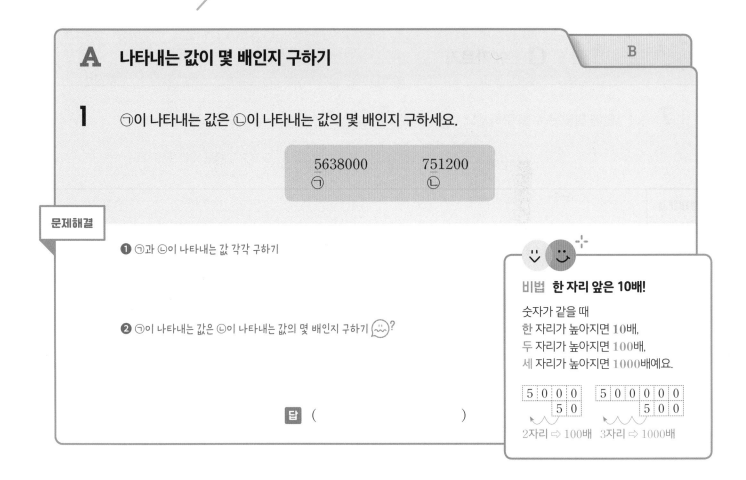

비법 **한 자리 앞은 10배!**

숫자가 같을 때
한 자리가 높아지면 **10배**,
두 자리가 높아지면 **100배**,
세 자리가 높아지면 **1000배**예요.

5	0	0	0
		5	0

2자리 ⇨ 100배

5	0	0	0	0	0
			5	0	0

3자리 ⇨ 1000배

2 ㉠이 나타내는 값은 ㉡이 나타내는 값의 몇 배인지 구하세요.

7259188300	36786721900
㉠	㉡

(   )

3 ㉠이 나타내는 값은 ㉡이 나타내는 값의 몇 배인지 구하세요.

28364000
㉠ ㉡

8과 4로 수가 달라요.

(   )

A

B 높이 구하기

4 오른쪽과 같이 공책 10권을 쌓았을 때 높이는 20 mm입니다.
똑같은 공책 1000권을 쌓았을 때 높이는 몇 mm가 되는지 구하세요.

문제해결

❶ 1000권은 10권의 몇 배인지 구하기

❷ 똑같은 공책 1000권을 쌓았을 때 높이 구하기 ?

답 (   )

비법 **공책 수와 높이의 관계**

공책 수가 10배, 100배, 1000배……가 되면
높이도 10배, 100배, 1000배……가 돼요.

공책	1권	10권	1000권
높이	5 mm	50 mm	5000 mm

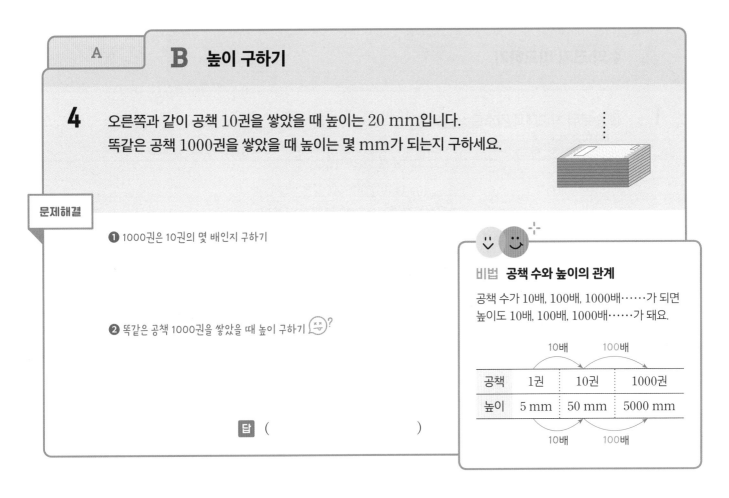

5 10원짜리 동전 10개를 쌓았을 때 높이는 16 mm입니다. 10원짜리 동전 10만 개를 쌓았을 때
높이는 몇 mm인지 구하세요.

(   )

6 만 원짜리 지폐 1000장을 쌓았을 때 높이는 10 cm입니다. 만 원짜리 지폐로 10억 원을 쌓는다
면 높이는 몇 mm가 되는지 구하세요.

(   )

큰 수의 크기 비교

A 수의 크기 비교하기 A+

기적의 문제해결법 · 3권

1 큰 수부터 차례대로 기호를 쓰세요.

> ㉠ 조가 14개, 억이 1050개인 수
> ㉡ 14681506700000
> ㉢ 십사조 육천육억 삼백팔십칠만

문제해결

❶ ㉠, ㉡, ㉢을 각각 '■조 ■억 ■만'의 형태로 나타내기 😣?

❷ 큰 수부터 차례대로 기호 쓰기

답 (   )

비법 비교하기 편하게 수를 나타내!

여러 가지 형태의 수 중
만, 억, 조 단위를 사용하여 나타낸 수가
가장 비교하기 쉬워요.

예 320000000
  =삼억 이천만
  =억이 3개, 만이 2000개인 수
  =3억 2000만 ← 가장 비교하기 쉬움

2 큰 수부터 차례대로 기호를 쓰세요.

> ㉠ 억이 1개, 만이 9895개, 일이 3535개인 수
> ㉡ 일억 구천팔백팔십만
> ㉢ 131560000

(   )

3 공룡이 살았던 시대를 나타내었습니다. 다음 중 가장 오래전에 살았던 공룡의 이름을 쓰세요.

브라키오사우루스	트리케라톱스	스피노사우루스
약 154000000년 전	약 6800만 년 전	약 일억 천이백만 년 전

(   )

A

A+ 수를 구한 다음 크기 비교하기

4 작은 수부터 차례대로 기호를 쓰세요.

> ㉠ 450억 9310만보다 10억 큰 수
> ㉡ 426210000의 100배인 수
> ㉢ 억이 426개, 만이 278개인 수

문제해결

❶ ㉠, ㉡, ㉢을 각각 '■억 ■만'의 형태로 나타내기 🙂❓

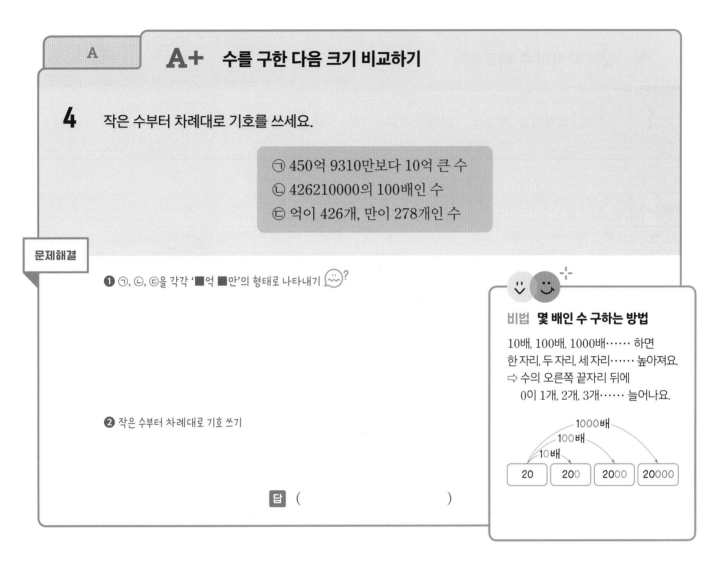

비법 몇 배인 수 구하는 방법

10배, 100배, 1000배⋯⋯ 하면
한 자리, 두 자리, 세 자리⋯⋯ 높아져요.
⇨ 수의 오른쪽 끝자리 뒤에
0이 1개, 2개, 3개⋯⋯ 늘어나요.

| 20 | 200 | 2000 | 20000 |

10배 / 100배 / 1000배

❷ 작은 수부터 차례대로 기호 쓰기

답 (   )

5 작은 수부터 차례대로 기호를 쓰세요.

> ㉠ 6247000의 10배인 수   ㉡ 만이 6982개인 수   ㉢ 6780만보다 200만 큰 수

(   )

6 큰 수부터 차례대로 기호를 쓰세요.

> ㉠ 억이 1002개, 만이 85개인 수
> ㉡ 1억 23만의 1000배인 수
> ㉢ 1006억 850만보다 4억 작은 수

(   )

A 같은 자리의 수 비교하기

B

1 0부터 9까지의 수 중에서 □ 안에 들어갈 수 있는 수를 모두 구하세요.

$$3238257 > 32\square9246$$

문제해결

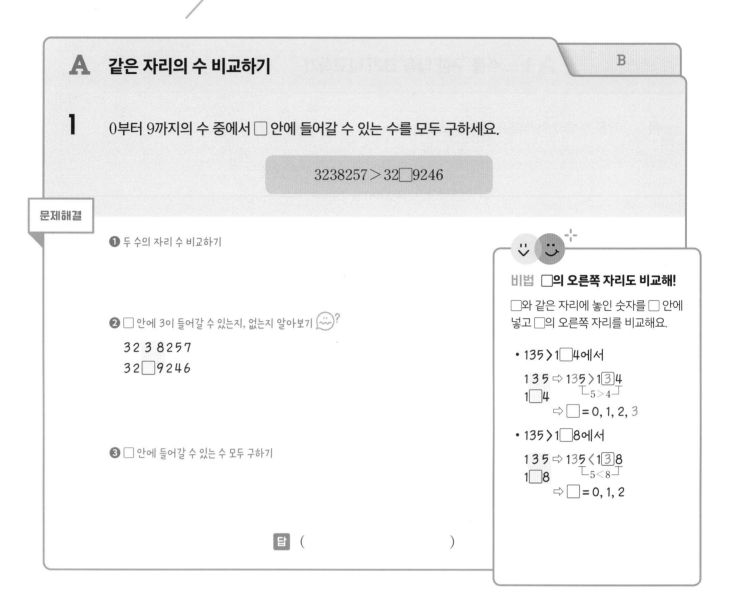

❶ 두 수의 자리 수 비교하기

❷ □ 안에 3이 들어갈 수 있는지, 없는지 알아보기

3 2 3 8 2 5 7
3 2 □ 9 2 4 6

❸ □ 안에 들어갈 수 있는 수 모두 구하기

답 (   )

비법 □의 오른쪽 자리도 비교해!

□와 같은 자리에 놓인 숫자를 □ 안에
넣고 □의 오른쪽 자리를 비교해요.

• 135 > 1□4에서

1 3 5 ⇨ 135 > 1③4
1 □ 4   └5 > 4┘
          ⇨ □ = 0, 1, 2, 3

• 135 > 1□8에서

1 3 5 ⇨ 135 < 1③8
1 □ 8   └5 < 8┘
          ⇨ □ = 0, 1, 2

2 0부터 9까지의 수 중에서 □ 안에 들어갈 수 있는 수를 모두 구하세요.

$$5876932517 < 587\square351302$$

(   )

3 0부터 9까지의 수 중에서 □ 안에 들어갈 수 있는 수를 모두 구하세요.

$$94130658920 < 9\square258715304$$

(   )

A	**B** □ 안에 0 또는 9를 넣어 크기 비교하기

4 □ 안에는 0부터 9까지 어느 수를 넣어도 됩니다.
㉠과 ㉡ 중에서 더 큰 수의 기호를 쓰세요.

> ㉠ 431□3578　　㉡ 43197□22

문제해결

❶ 두 수의 자리 수 비교하기

❷ ㉠의 □ 안에 가장 큰 수 9를 넣어 크기 비교하기

┌ ○ 안에 > 또는 <를 써넣으세요.

㉠ 4 3 1 [ ] 3 5 7 8
㉡ 4 3 1 9 7 [ ] 2 2

㉠ ○ ㉡

❸ 더 큰 수의 기호 쓰기

답 (　　　　　　　　　)

> **비법** □ 안에 0이나 9를 넣어 비교해!
>
> "□ 안에는 0부터 9까지 어느 수를 넣어도"
>
> ⇨ □ 안에 0, 1 …… 9를 넣어도 두 수의 크기 비교는 바뀌지 않아요.
>
> 예) 1□23, 194□에서
>
> 1□2 3　⇨ 1⑨23 < 194□
> 1 9 4 □　　　└2 < 4┘
>
> ⇨ 1□23의 □ 안에 가장 큰 수인 9를 넣어도 194□가 더 크므로 194□가 항상 커요.

5 □ 안에는 0부터 9까지 어느 수를 넣어도 됩니다. ㉠과 ㉡ 중에서 더 큰 수의 기호를 쓰세요.

> ㉠ 1247□5897556　　㉡ 1247963□4571

(　　　　　　　　　)

6 □ 안에는 0부터 9까지 어느 수를 넣어도 됩니다. 큰 수부터 차례대로 기호를 쓰세요.

> ㉠ 33□98426478
> ㉡ 3307□271654
> ㉢ 32043□68107

(　　　　　　　　　)

수 카드로 수 만들기

A 가장 큰/작은 수 만들기

A+   A++

1 수 카드를 모두 한 번씩만 사용하여 가장 작은 여덟 자리 수를 만드세요.

| 6 | 5 | 9 | 0 | 3 | 4 | 8 | 1 |

문제해결

❶ 가장 작은 수를 만드는 방법 알아보기 😀?

가장 작은 수는 높은 자리부터 (작은 , 큰) 수를 차례대로 놓습니다.

❷ 수 카드의 수를 비교하여 작은 수부터 차례대로 쓰기

❸ 가장 작은 여덟 자리 수 만들기

답 (   )

비법 가장 큰 수는 큰 수부터, 가장 작은 수는 작은 수부터!

• 가장 큰 수:
높은 자리부터 큰 수를 차례대로 놓아요.

| 9 | 8 | 7 | 6 | 5 | 4 | 3 | 0 |

• 가장 작은 수:
높은 자리부터 작은 수를 차례대로 놓아요. 이때 0은 가장 높은 자리에 올 수 없어요.

| 0 | 3 | 4 | 5 | 6 | 7 | 8 | 9 | ✕

| 3 | 0 | 4 | 5 | 6 | 7 | 8 | 9 | ◯

2 수 카드를 모두 한 번씩만 사용하여 가장 큰 열 자리 수를 만드세요.

| 2 | 5 | 4 | 7 | 1 | 3 | 6 | 9 | 8 | 0 |

(   )

3 수 카드를 모두 두 번씩 사용하여 가장 작은 열 자리 수를 만드세요.

| 7 | 3 | 8 | 0 | 5 |

(   )

A

A+ 세 번째로 큰/작은 수 만들기

A++

4 수 카드를 모두 한 번씩만 사용하여 세 번째로 큰 다섯 자리 수를 만드세요.

3 8 5 4 6

문제해결

❶ 수 카드의 수를 비교하여 큰 수부터 차례대로 쓰기

❷ 가장 큰 다섯 자리 수 만들기

❸ 세 번째로 큰 다섯 자리 수 만들기

답 (   )

비법
낮은 자리에서부터 바꿔!

높은 자리가 클수록 큰 수이므로
낮은 자리부터 작은 수로 바꿔요.

㉘ 7 , 6 , 1 , 4 로 만들 때
가장 큰 수: 7641
두 번째로 큰 수: 7614
세 번째로 큰 수: 7461
네 번째로 큰 수: 7416

5 수 카드를 모두 한 번씩만 사용하여 세 번째로 작은 아홉 자리 수를 만드세요.

9 1 3 5 0 6 2 8 7

(   )

6 수 카드를 모두 두 번씩 사용하여 세 번째로 큰 여덟 자리 수를 만드세요.

1 7 9 4

(   )

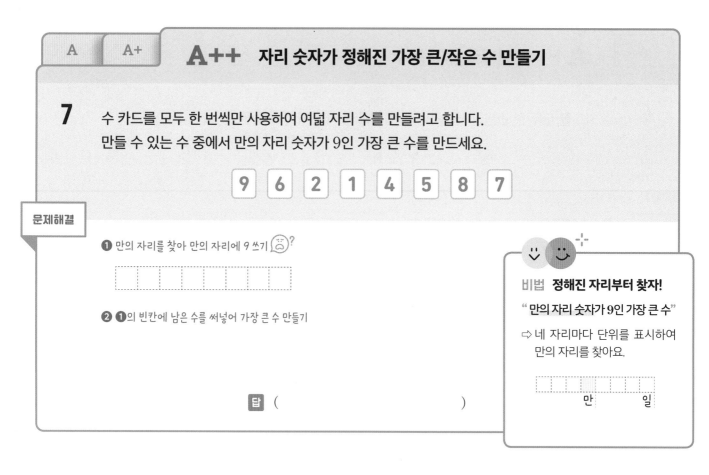

A · A+

A++ 자리 숫자가 정해진 가장 큰/작은 수 만들기

7 수 카드를 모두 한 번씩만 사용하여 여덟 자리 수를 만들려고 합니다.
만들 수 있는 수 중에서 만의 자리 숫자가 9인 가장 큰 수를 만드세요.

9 6 2 1 4 5 8 7

문제해결

❶ 만의 자리를 찾아 만의 자리에 9 쓰기 ?

❷ ❶의 빈칸에 남은 수를 써넣어 가장 큰 수 만들기

답 (   )

비법 정해진 자리부터 찾자!

"만의 자리 숫자가 9인 가장 큰 수"

⇨ 네 자리마다 단위를 표시하여
만의 자리를 찾아요.

만   일

---

8 수 카드를 모두 두 번씩 사용하여 열 자리 수를 만들려고 합니다. 만들 수 있는 수 중에서 억의 자리 숫자가 6인 가장 큰 수를 만드세요.

7 1 6 3 0

(   )

---

9 수 카드를 모두 한 번씩만 사용하여 열 자리 수를 만들려고 합니다. 만들 수 있는 수 중에서 천만의 자리 숫자가 3인 두 번째로 작은 수를 만드세요.

8 2 1 0 7 5 3 9 4 6

(   )

조건을 모두 만족하는 수

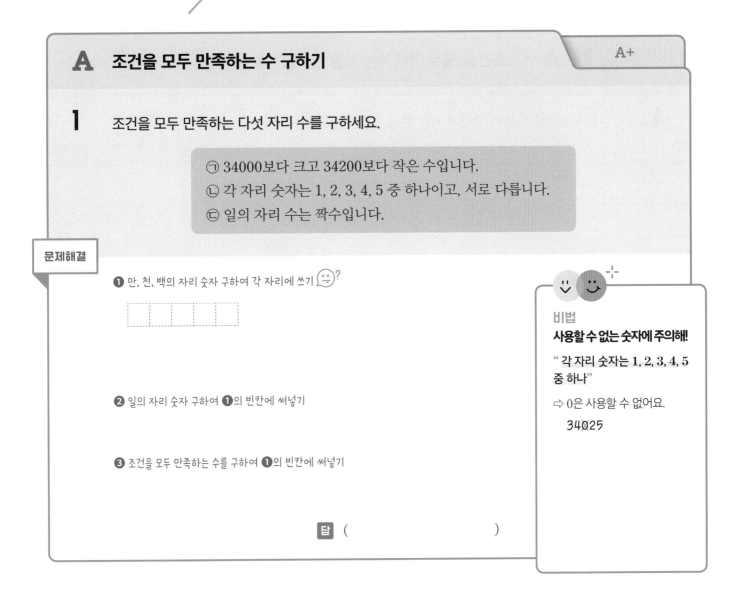

A 조건을 모두 만족하는 수 구하기

A+

1 조건을 모두 만족하는 다섯 자리 수를 구하세요.

> ㉠ 34000보다 크고 34200보다 작은 수입니다.
> ㉡ 각 자리 숫자는 1, 2, 3, 4, 5 중 하나이고, 서로 다릅니다.
> ㉢ 일의 자리 수는 짝수입니다.

문제해결

❶ 만, 천, 백의 자리 숫자 구하여 각 자리에 쓰기 ☺?

❷ 일의 자리 숫자 구하여 ❶의 빈칸에 써넣기

❸ 조건을 모두 만족하는 수를 구하여 ❶의 빈칸에 써넣기

답 (   )

비법
사용할 수 없는 숫자에 주의해!
" 각 자리 숫자는 1, 2, 3, 4, 5
중 하나"
⇨ 0은 사용할 수 없어요.
34025

2 조건을 모두 만족하는 다섯 자리 수를 구하세요.

> ㉠ 56000보다 크고 56500보다 작은 수입니다.
> ㉡ 각 자리 숫자는 4, 5, 6, 7, 8 중 하나이고, 서로 다릅니다.
> ㉢ 일의 자리 수는 홀수입니다.

(   )

3 조건을 모두 만족하는 다섯 자리 수를 구하세요.

> ㉠ 85000보다 크고 85700보다 작은 수입니다.
> ㉡ 각 자리 숫자는 5, 6, 7, 8, 9 중 하나이고, 서로 다릅니다.
> ㉢ 십의 자리 수는 일의 자리 수보다 큽니다.

(   )

| A | A+ 조건을 모두 만족하는 가장 큰/작은 수 구하기 |

4 조건을 모두 만족하는 수 중에서 가장 큰 수를 구하세요.

> ㉠ 각 자리 숫자가 서로 다른 열 자리 수입니다.
> ㉡ 천만의 자리 숫자는 3, 백의 자리 숫자는 7입니다.
> ㉢ 백의 자리 수와 억의 자리 수의 차는 5입니다.

문제해결

❶ 천만, 백의 자리를 찾아 천만의 자리에 3, 백의 자리에 7 쓰기

❷ 억의 자리 숫자 구하여 ❶의 빈칸에 써넣기

❸ 조건을 모두 만족하는 가장 큰 수를 구하여 ❶의 빈칸에 써넣기 ?

답 (   )

비법
0~9를 모두 한 번씩만!

" 각 자리 숫자가 서로 다른
열 자리 수"

⇨ 같은 숫자를 여러 번 사용
할 수 없어요.

~~9239999799~~

5 조건을 모두 만족하는 수 중에서 가장 큰 수를 구하세요.

> ㉠ 각 자리 숫자가 서로 다른 열 자리 수입니다.
> ㉡ 억의 자리 숫자는 4, 만의 자리 숫자는 6입니다.
> ㉢ 억의 자리 수와 십만의 자리 수의 합은 7입니다.

(   )

6 조건을 모두 만족하는 수 중에서 가장 작은 수를 구하세요.

> ㉠ 각 자리 숫자가 서로 다른 여덟 자리 수입니다.
> ㉡ 십만의 자리 수는 백만의 자리 수의 4배입니다.
> ㉢ 백만의 자리 숫자는 0이 아닙니다.

(   )

A 수직선에 나타낸 수 구하기

A+ | B

1 수직선을 보고 ㉠이 나타내는 수를 구하세요.

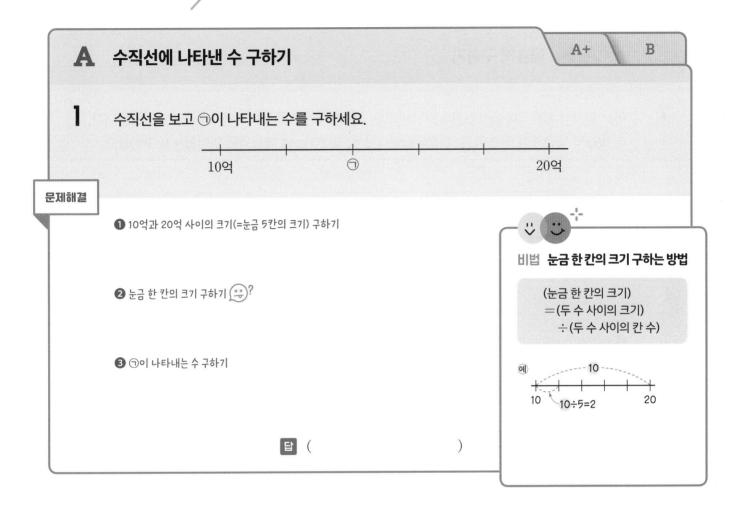

문제해결

❶ 10억과 20억 사이의 크기(=눈금 5칸의 크기) 구하기

❷ 눈금 한 칸의 크기 구하기 ?

❸ ㉠이 나타내는 수 구하기

비법 **눈금 한 칸의 크기 구하는 방법**

(눈금 한 칸의 크기)
= (두 수 사이의 크기)
÷ (두 수 사이의 칸 수)

답 (   )

2 수직선을 보고 ㉠이 나타내는 수를 구하세요.

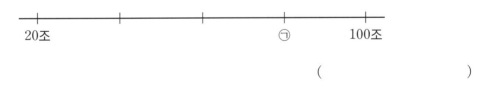

(   )

3 수직선을 보고 ㉠이 나타내는 수를 구하세요.

(   )

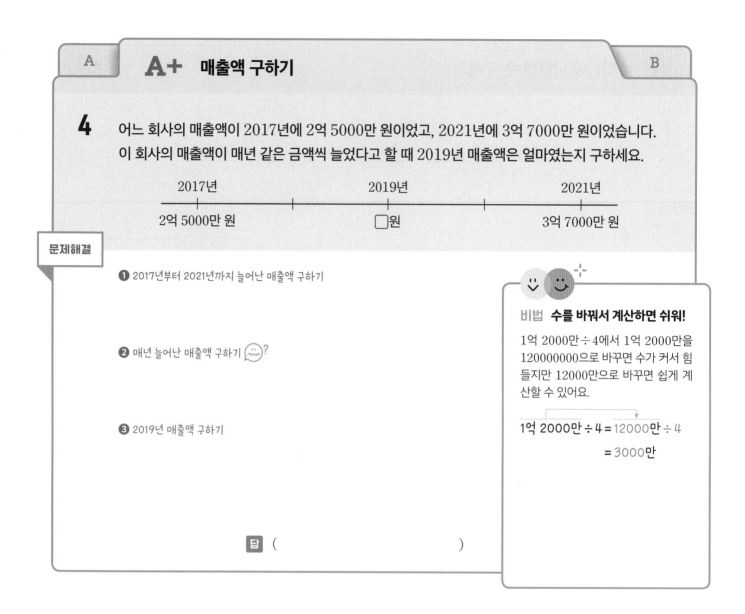

A A+ 매출액 구하기

4 어느 회사의 매출액이 2017년에 2억 5000만 원이었고, 2021년에 3억 7000만 원이었습니다. 이 회사의 매출액이 매년 같은 금액씩 늘었다고 할 때 2019년 매출액은 얼마였는지 구하세요.

2017년	2019년	2021년
2억 5000만 원	☐원	3억 7000만 원

문제해결

❶ 2017년부터 2021년까지 늘어난 매출액 구하기

❷ 매년 늘어난 매출액 구하기

❸ 2019년 매출액 구하기

비법 수를 바꿔서 계산하면 쉬워!

1억 2000만÷4에서 1억 2000만을 120000000으로 바꾸면 수가 커서 힘들지만 12000만으로 바꾸면 쉽게 계산할 수 있어요.

1억 2000만 ÷ 4 = 12000만 ÷ 4
= 3000만

답 (   )

5 어느 나라의 수출액이 2014년에 3조 9000억 원이었고, 2021년에 6조 7000억 원이었습니다. 이 나라의 수출액이 매년 같은 금액씩 늘었다고 할 때 2018년 수출액은 얼마였는지 구하세요.

(   )

6 어느 회사의 수출액이 2013년에 24억 5000만 원, 2018년에 25억 5000만 원이었습니다. 이 회사의 수출액이 2013년부터 매년 같은 금액씩 늘어난다고 할 때 26억 원이 넘는 해는 언제인지 구하세요.

(   )

A A+ **B 인구 구하기**

7 어느 나라의 2018년 인구가 1억 200만 명이었습니다.
이 나라의 인구가 매년 300만 명씩 줄어들었을 때
2021년 인구는 몇 명이었는지 구하세요.

문제해결

❶ 1억 200만에서 300만씩 작아지게 뛰어 세기 🙂?

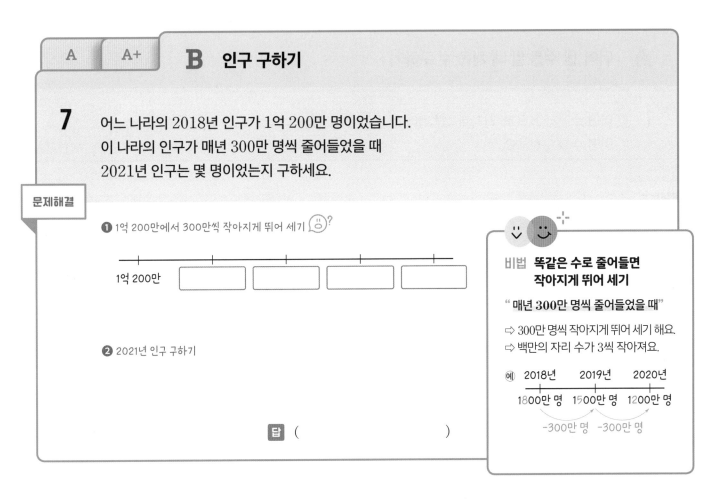

1억 200만

❷ 2021년 인구 구하기

답 (   )

비법 똑같은 수로 줄어들면 작아지게 뛰어 세기

" 매년 **300만** 명씩 줄어들었을 때 "

➩ 300만 명씩 작아지게 뛰어 세기 해요.
➩ 백만의 자리 수가 3씩 작아져요.

예 2018년   2019년   2020년

1800만 명 1500만 명 1200만 명

－300만 명 －300만 명

8 어느 나라의 2015년 인구가 2억 1500만 명이었습니다. 이 나라의 인구가 매년 400만 명씩 줄어들었을 때 2020년 인구는 몇 명이었는지 구하세요.

(   )

9 어느 지역의 인구가 2018년에는 760만 명, 2019년에는 710만 명이었습니다. 이 지역의 인구가 매년 같은 수씩 줄어든다고 할 때 2022년 인구는 몇 명인지 구하세요.

(   )

처음 수 구하기

A 뛰어 센 수를 알 때 처음 수 구하기

문제해결

1 어떤 수에서 10조씩 커지게 3번 뛰어 센 수가 215조였습니다.
어떤 수를 구하세요.

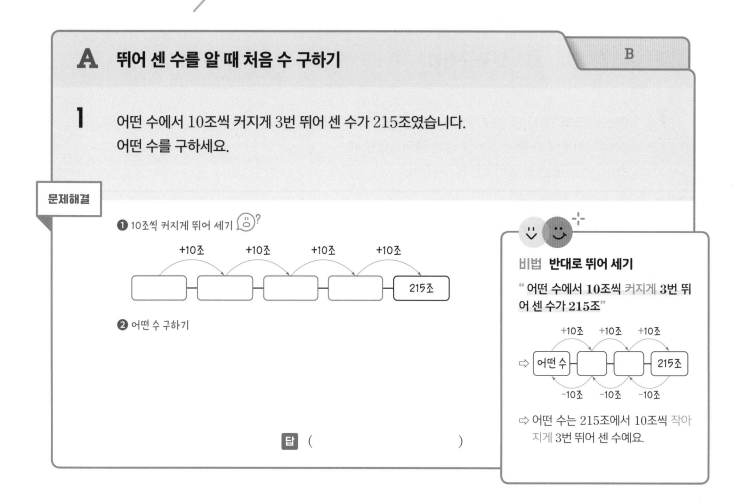

❶ 10조씩 커지게 뛰어 세기 😊?

❷ 어떤 수 구하기

답 (   )

비법 반대로 뛰어 세기

" 어떤 수에서 **10조**씩 커지게 **3번** 뛰어 센 수가 **215조**"

⇨ 어떤 수는 215조에서 10조씩 작아지게 3번 뛰어 센 수예요.

B

2 어떤 수에서 100만씩 커지게 5번 뛰어 센 수가 1473만이었습니다. 어떤 수를 구하세요.

(   )

3 어떤 수에서 4000억씩 작아지게 4번 뛰어 센 수가 8350억이었습니다. 어떤 수를 구하세요.

(   )

A

B 몇 배인 수를 알 때 처음 수 구하기

4 한 달 동안 10배로 증가하는 미생물이 있습니다.
오늘 미생물이 1억 마리였다면 2달 전에는 몇 마리였을지 구하세요.

문제해결

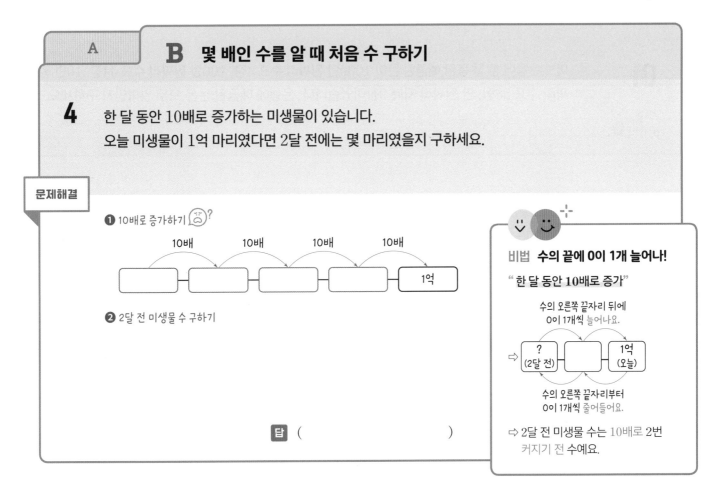

❶ 10배로 증가하기 🙁?

❷ 2달 전 미생물 수 구하기

비법 **수의 끝에 0이 1개 늘어나!**

"한 달 동안 10배로 증가"

수의 오른쪽 끝자리 뒤에
0이 1개씩 늘어나요.

⇨ | ?
(2달 전) | | 1억
(오늘) |

수의 오른쪽 끝자리부터
0이 1개씩 줄어들어요.

⇨ 2달 전 미생물 수는 10배로 2번
커지기 전 수예요.

답 (   )

5 일주일 동안 10배로 증가하는 미생물이 있습니다. 오늘 미생물이 7000만 마리였다면 4주일 전에는 몇 마리였을지 구하세요.

(   )

6 수가 들어갔다 나오면 수가 100배가 되는 마법 상자가 있습니다. 이 마법 상자에 어떤 수가 3번 들어갔다가 나왔습니다. 마지막에 나온 수가 230000000이었다면 처음에 들어간 수는 얼마인지 구하세요.

(   )

단원 1 유형 마스터

01

유형 01 B

어느 은행에 한 달 동안 예금된 돈이 1000만 원짜리 수표 4장, 100만 원짜리 수표 41장, 10만 원짜리 수표 58장, 만 원짜리 지폐 9장이었습니다. 은행에 예금된 돈은 모두 얼마인지 구하세요.

(　　　　　　　　　　)

02

유형 02 A

16자리 수로 쓸 때 0은 모두 몇 개인지 구하세요.

조가 1600개, 만이 503개, 일이 2개인 수

(　　　　　　　　　　)

03

유형 03 A

㉠이 나타내는 값은 ㉡이 나타내는 값의 몇 배인지 구하세요.

9162386452369801

㉠　㉡

(　　　　　　　　　　)

04

유형 05 Ⓐ

0부터 9까지의 수 중에서 □ 안에 들어갈 수 있는 수를 모두 구하세요.

$$1956468712580 > 195\square179033476$$

(   )

05

유형 08 Ⓐ

수직선을 보고 ㉠이 나타내는 수를 구하세요.

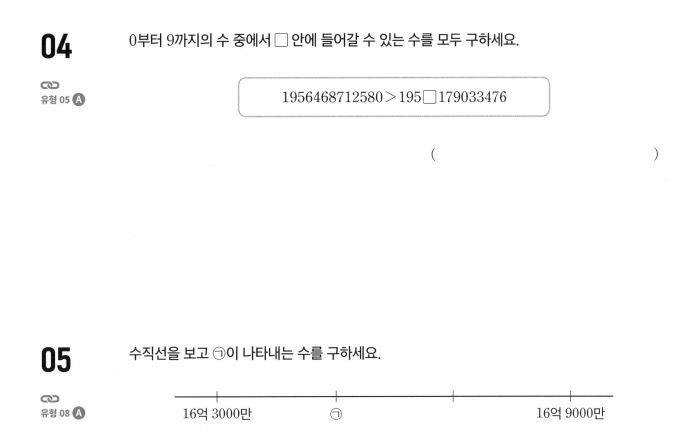

16억 3000만   ㉠   16억 9000만

(   )

06

유형 01 Ⓒ

1000만 원짜리 수표 5장, 만 원짜리 지폐 240장을 100만 원짜리 수표와 10만 원짜리 수표로 바꾸려고 합니다. 수표의 수를 가장 적게 하여 바꾸려면 100만 원짜리 수표로 몇 장을 바꿔야 하는지 구하세요.

(   )

07

유형 08 A+

어느 회사의 매출액이 2016년에 32억 5000만 원, 2017년에 35억 원이었습니다. 2016년부터 2022년까지 매출액이 매년 같은 금액씩 늘었다고 할 때 2022년 매출액은 얼마인지 구하세요.

(   )

08

유형 05 B

□ 안에는 0부터 9까지 어느 수를 넣어도 됩니다. 세 수 중에서 가장 작은 수의 기호를 쓰세요.

> ㉠ 284□35892□02
> ㉡ 2840154□8931
> ㉢ 7468□42482□957

(   )

09

유형 03 B

만 원짜리 지폐 1000장을 쌓았을 때 높이는 10 cm입니다. 만 원짜리 지폐로 100억 원을 쌓는다면 높이는 몇 m가 되는지 구하세요.

(   )

10

유형 09 Ⓐ

어떤 수에서 1000억씩 커지게 4번 뛰어 세어야 할 것을 잘못하여 100억씩 커지게 4번 뛰어 세었더니 33조 6690억이었습니다. 바르게 뛰어 세면 얼마인지 구하세요.

(   )

11

수 카드를 모두 한 번씩만 사용하여 다섯 자리 수를 만들려고 합니다. 만들 수 있는 수 중에서 28000보다 작은 수는 모두 몇 개인지 구하세요.

[8] [2] [9] [7] [4]

(   )

12

조건을 모두 만족하는 수 중에서 가장 큰 수를 구하세요.

유형 07 Ⓐ+

> ㉠ 각 자리 숫자가 서로 다른 아홉 자리 수입니다.
> ㉡ 억의 자리 숫자는 3, 십만의 자리 숫자는 0입니다.
> ㉢ 천만의 자리 수와 억의 자리 수의 차는 1입니다.
> ㉣ 백의 자리 수는 천만의 자리 수의 2배입니다.

(   )

2

각도

학습기록표

유형 01	학습일
	학습평가

예각, 둔각의 개수

A	예각
B	둔각

유형 02	학습일
	학습평가

직선을 똑같이 나누기

A	직선에서의 각도
B	몇 시의 각도
B+	몇 시 몇 분의 각도

유형 03	학습일
	학습평가

직선의 활용

A	직선이 만날 때
B	도형의 한 각
B+	도형의 두 각 합
B++	도형의 외각 합

유형 04	학습일
	학습평가

복잡한 도형에서 각도 구하기

A	삼각형 찾기
B	사각형 찾기

유형 05	학습일
	학습평가

도형에 선을 그어 각도 구하기

A	삼각형으로 나누기
B	사각형 되게 선 긋기
C	삼각형 되게 선 긋기

유형 06	학습일
	학습평가

직각 삼각자에서 각도 구하기

A	특수각 이용
A+	도형 찾기

유형 07	학습일
	학습평가

접은 종이에서 각도 구하기

A	크기 같은 각 찾기
A+	도형 찾기

유형 마스터	학습일
	학습평가

각도

A 크고 작은 예각의 개수 구하기

B

1 오른쪽은 직각을 크기가 같은 각 4개로 나눈 것입니다.
도형에서 찾을 수 있는 크고 작은 예각은 모두 몇 개인지 구하세요.

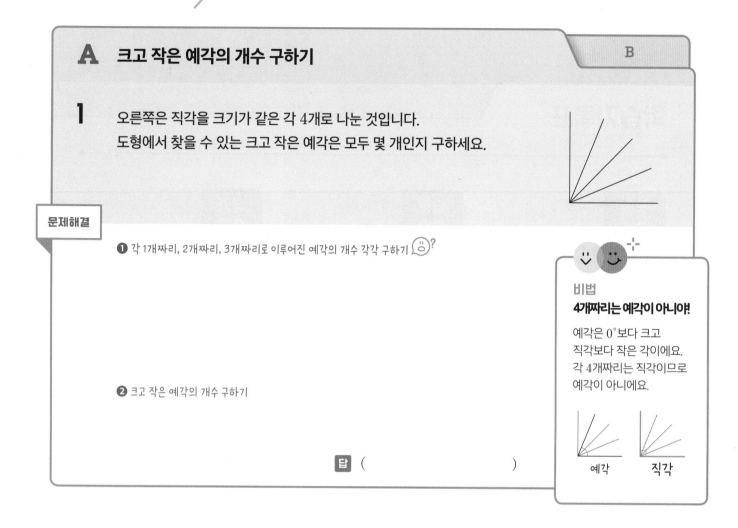

문제해결

❶ 각 1개짜리, 2개짜리, 3개짜리로 이루어진 예각의 개수 각각 구하기

❷ 크고 작은 예각의 개수 구하기

답 (   )

비법
4개짜리는 예각이 아니야!

예각은 0°보다 크고
직각보다 작은 각이에요.
각 4개짜리는 직각이므로
예각이 아니에요.

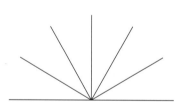

예각   직각

2 오른쪽은 직선을 크기가 같은 각 6개로 나눈 것입니다. 도형에
서 찾을 수 있는 크고 작은 예각은 모두 몇 개인지 구하세요.

(   )

3 오른쪽 도형에서 찾을 수 있는 크고 작은 예각은 모두 몇 개인지 구
하세요.

(   )

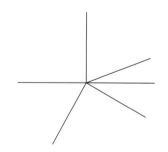

B 크고 작은 둔각의 개수 구하기

4 오른쪽은 직선을 크기가 같은 각 6개로 나눈 것입니다.
도형에서 찾을 수 있는 크고 작은 둔각은 모두 몇 개인지 구하
세요.

문제해결

❶ 각 4개짜리, 5개짜리로 이루어진 둔각의 개수 각각 구하기 ☹?

❷ 크고 작은 둔각의 개수 구하기

답 (   )

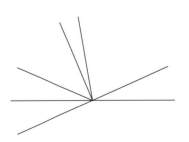

비법
3개짜리는 둔각이 아니야!

둔각은 직각보다 크고
180°보다 작은 각이에요.
각 3개짜리는 직각이므로
둔각이 아니에요.

직각   둔각

5 오른쪽 도형에서 찾을 수 있는 크고 작은 둔각은 모두 몇 개인
지 구하세요.

(   )

6 오른쪽 도형에서 찾을 수 있는 크고 작은 둔각은 모두 몇 개인
지 구하세요.

(   )

직선을 똑같이 나누기

A 직선을 똑같이 나누었을 때 생기는 각도 구하기

B   B+

1 오른쪽 도형은 직선을 크기가 같은 각 6개로 나눈 것입니다.
각 ㄱㅇㄷ의 크기는 몇 도인지 구하세요.

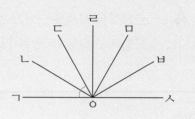

문제해결

❶ 가장 작은 각 한 개의 각도 구하기 😵?

❷ 각 ㄱㅇㄷ의 크기 구하기

😃 😄

비법 각 6개는 각도가 같아!

" 직선을 크기가 같은 각 6개로 나눈 것"

⇨ 가장 작은 각끼리는 각도가 모두 같
   아요.

⇨

답 (   )

2 오른쪽 도형은 직선을 크기가 같은 각 9개로 나눈 것입니다.
각 ㄴㅇㅈ의 크기는 몇 도인지 구하세요.

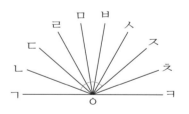

(   )

3 오른쪽 도형은 직각을 크기가 같은 각 5개로 나눈 것입니다. 각 ㄱㅇㄹ의
크기는 몇 도인지 구하세요.

(   )

A	**B 몇 시일 때 각도 구하기**	B+

4 오른쪽 시계가 2시를 가리킬 때
시계의 긴바늘과 짧은바늘이 이루는 작은 쪽의 각도는 몇 도인지 구하세요.

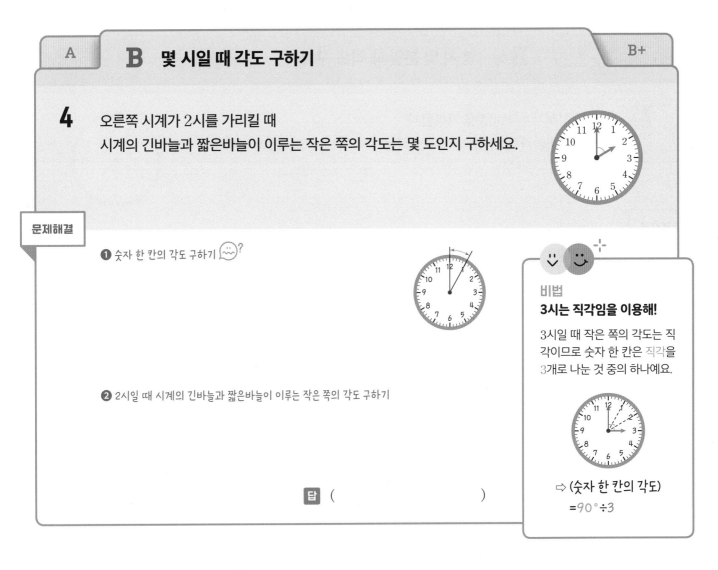

문제해결

❶ 숫자 한 칸의 각도 구하기 ☺?

❷ 2시일 때 시계의 긴바늘과 짧은바늘이 이루는 작은 쪽의 각도 구하기

답 (   )

비법
3시는 직각임을 이용해!

3시일 때 작은 쪽의 각도는 직각이므로 숫자 한 칸은 직각을 3개로 나눈 것 중의 하나예요.

⇨ (숫자 한 칸의 각도)
　　=90°÷3

5 오른쪽 시계가 4시를 가리킬 때 시계의 긴바늘과 짧은바늘이 이루는 작은 쪽의 각도는 몇 도인지 구하세요.

(   )

6 지우는 친구를 7시에 만나기로 했습니다. 친구를 만나기로 한 시각에 시계의 긴바늘과 짧은바늘이 이루는 작은 쪽의 각도는 몇 도인지 구하세요.

(   )

A B **B+** **몇 시 몇 분일 때 각도 구하기**

7 오른쪽 시계가 4시 30분을 가리킬 때
시계의 긴바늘과 짧은바늘이 이루는 작은 쪽의 각도는 몇 도인지 구하세요.

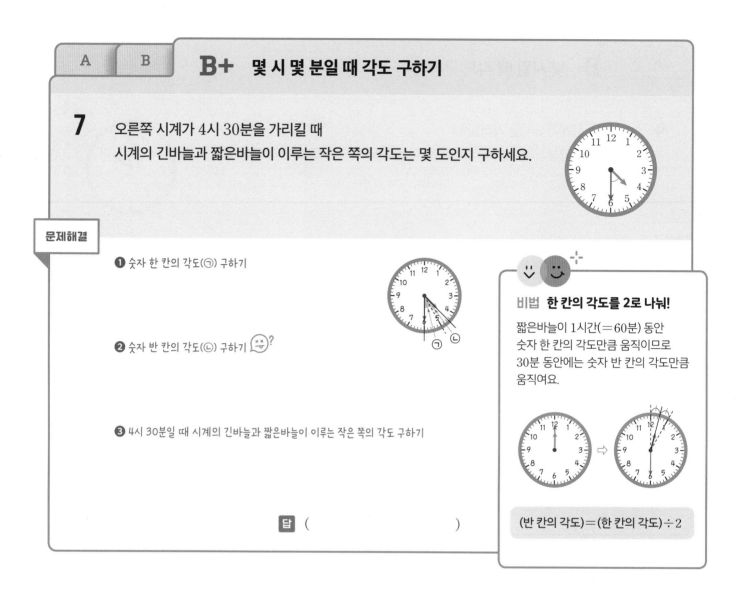

문제해결

❶ 숫자 한 칸의 각도(㉠) 구하기

❷ 숫자 반 칸의 각도(㉡) 구하기 ?

❸ 4시 30분일 때 시계의 긴바늘과 짧은바늘이 이루는 작은 쪽의 각도 구하기

비법 한 칸의 각도를 2로 나눠!

짧은바늘이 1시간(=60분) 동안
숫자 한 칸의 각도만큼 움직이므로
30분 동안에는 숫자 반 칸의 각도만큼
움직여요.

(반 칸의 각도)=(한 칸의 각도)÷2

답 (   )

8 오른쪽 시계가 2시 30분을 가리킬 때 시계의 긴바늘과 짧은바늘이 이루는
작은 쪽의 각도는 몇 도인지 구하세요.

(   )

9 오른쪽 시계가 8시 20분을 가리킬 때 시계의 긴바늘과 짧은바늘이 이루는
작은 쪽의 각도는 몇 도인지 구하세요.

짧은바늘이 20분 동안 움직인 각도는
한 시간 동안 움직인 각도를
3으로 나누어서 구해요.

(   )

A **직선이 만나서 생기는 각도 구하기**

B B+ B++

1 오른쪽 도형을 보고 ㉠의 각도는 몇 도인지 구하세요.

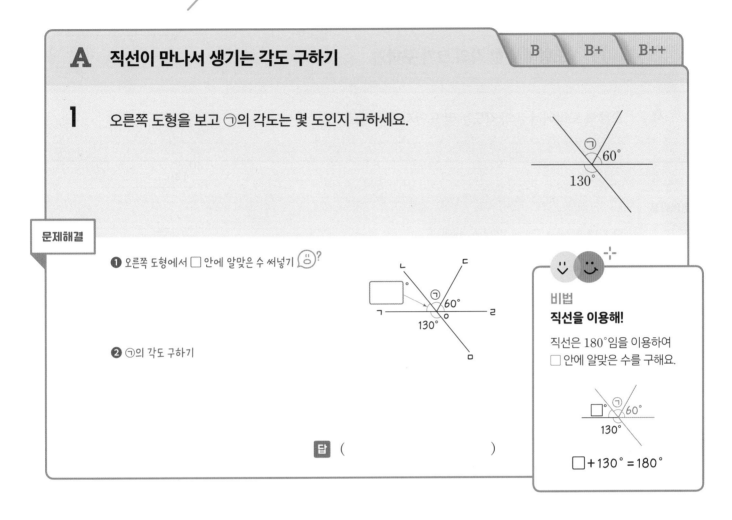

문제해결

❶ 오른쪽 도형에서 ☐ 안에 알맞은 수 써넣기 😊 ?

❷ ㉠의 각도 구하기

답 (   )

비법
직선을 이용해!

직선은 180°임을 이용하여
☐ 안에 알맞은 수를 구해요.

☐ + 130° = 180°

2 오른쪽 도형을 보고 ㉠의 각도는 몇 도인지 구하세요.

구한 각도를
도형에 표시하면서 풀면 편해요. 😉

(   )

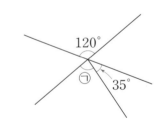

3 오른쪽 도형을 보고 ☐ 안에 알맞은 수를 써넣으세요.

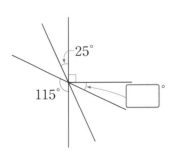

A | **B** 도형에서 한 각의 크기 구하기 | B+ | B++

4 오른쪽 도형에서 ㉠의 각도는 몇 도인지 구하세요.

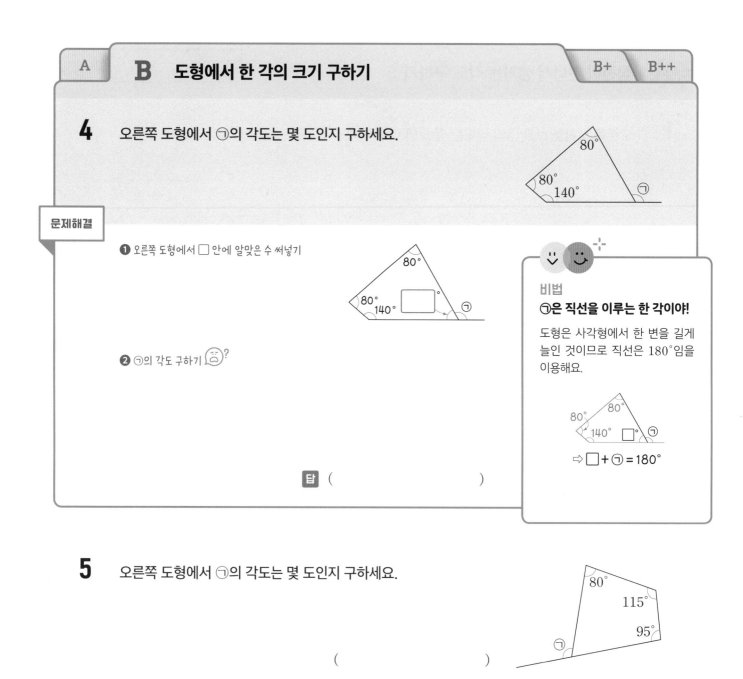

문제해결

❶ 오른쪽 도형에서 □ 안에 알맞은 수 써넣기

❷ ㉠의 각도 구하기

비법

㉠은 직선을 이루는 한 각이야!

도형은 사각형에서 한 변을 길게 늘인 것이므로 직선은 180°임을 이용해요.

⇨ □ + ㉠ = 180°

답 (   )

5 오른쪽 도형에서 ㉠의 각도는 몇 도인지 구하세요.

(   )

6 오른쪽 도형에서 각 ㄱㄷㄴ의 크기는 몇 도인지 구하세요.

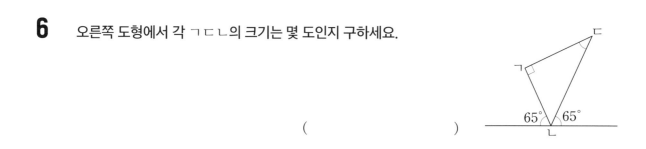

(   )

| A | B | **B+** 도형에서 두 각의 크기의 합 구하기 | | B++ |

7 오른쪽 도형에서 ㉠과 ㉡의 각도의 합은 몇 도인지 구하세요.

문제해결

❶ 오른쪽 도형에서 ☐ 안에 알맞은 수 써넣기

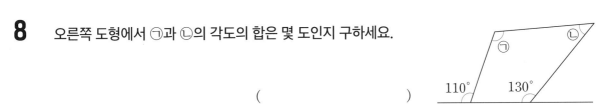

❷ ㉠과 ㉡의 각도의 합 구하기

비법 ㉠, ㉡을 각각 구할 순 없어!

조건이 부족하여 ㉠, ㉡을 각각 구할 수 없어요.
사각형의 네 각의 크기의 합이 360°임을 이용하여 ㉠과 ㉡의 합을 구해요.

☐ +150° + ㉠ + ㉡ = 360°

⇨ ㉠ + ㉡ = 360° − ☐ −150°

답 (   )

8 오른쪽 도형에서 ㉠과 ㉡의 각도의 합은 몇 도인지 구하세요.

(   )

9 오른쪽 도형에서 ㉠과 ㉡의 각도의 합은 몇 도인지 구하세요.

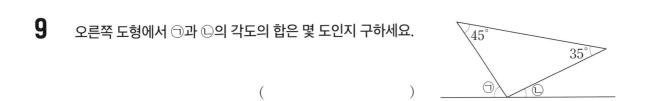

(   )

A	B	B+

B++ **도형의 외각의 크기의 합 구하기**

└→ 도형의 바깥쪽의 각

10 오른쪽 도형에서 ㉠＋㉡＋㉢은 몇 도인지 구하세요.

문제해결

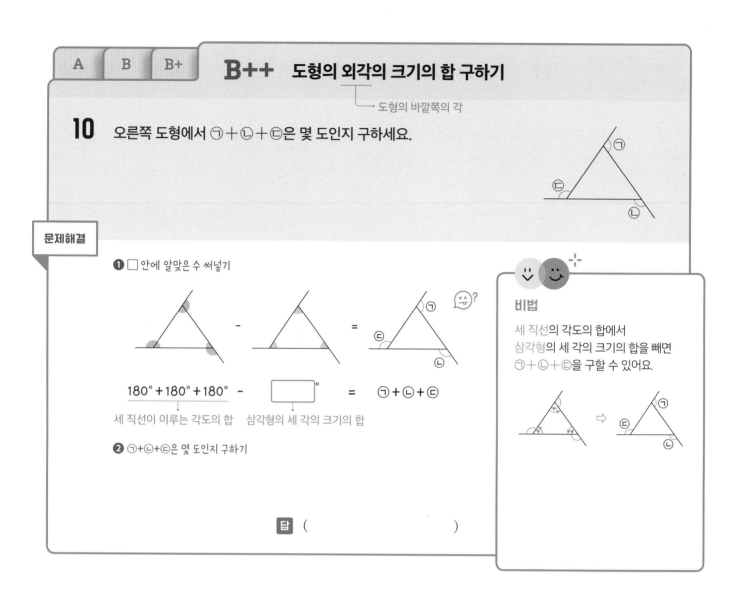

❶ ☐ 안에 알맞은 수 써넣기

$180° + 180° + 180°$ - ☐° = ㉠＋㉡＋㉢

세 직선이 이루는 각도의 합   삼각형의 세 각의 크기의 합

❷ ㉠＋㉡＋㉢은 몇 도인지 구하기

비법

세 직선의 각도의 합에서
삼각형의 세 각의 크기의 합을 빼면
㉠＋㉡＋㉢을 구할 수 있어요.

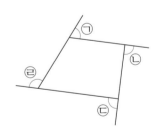

답 (   )

11 오른쪽 도형에서 ㉠＋㉡＋㉢＋㉣은 몇 도인지 구하세요.

(   )

12 오각형의 다섯 각의 크기의 합은 540°입니다. 오른쪽 도형에서 ㉠, ㉡, ㉢, ㉣, ㉤의 각도의 합은 몇 도인지 구하세요.

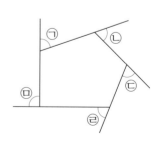

(   )

복잡한 도형에서 각도 구하기

A 삼각형 찾아 각도 구하기

1 오른쪽 직사각형에서 ㉠의 각도는 몇 도인지 구하세요.

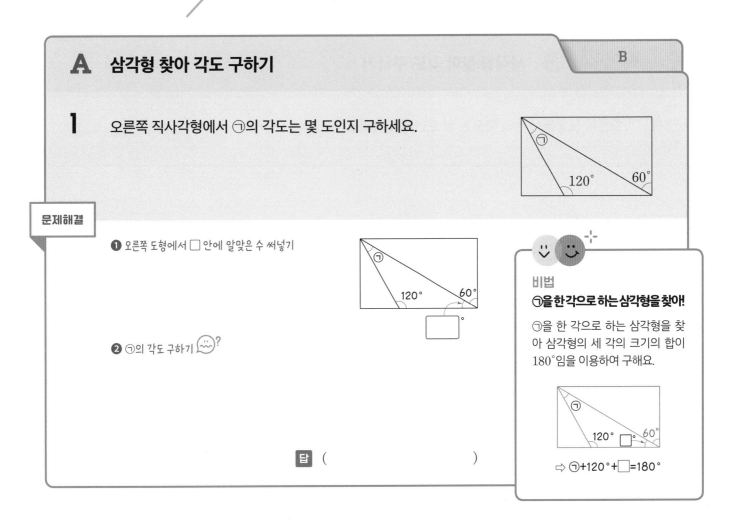

문제해결

❶ 오른쪽 도형에서 □ 안에 알맞은 수 써넣기

❷ ㉠의 각도 구하기 😊?

비법
㉠을 한 각으로 하는 삼각형을 찾아!

㉠을 한 각으로 하는 삼각형을 찾아 삼각형의 세 각의 크기의 합이 180°임을 이용하여 구해요.

⇨ ㉠+120°+□=180°

답 (   )

2 오른쪽 직각삼각형 ㄱㄴㄹ에서 각 ㄱㄷㄴ의 크기는 몇 도인지 구하세요.

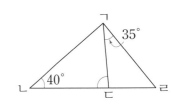

(   )

3 오른쪽 직사각형에서 ㉠의 각도는 몇 도인지 구하세요.

(   )

| A | **B** 사각형 찾아 각도 구하기 |

4 오른쪽 도형에서 ㉠의 각도는 몇 도인지 구하세요.

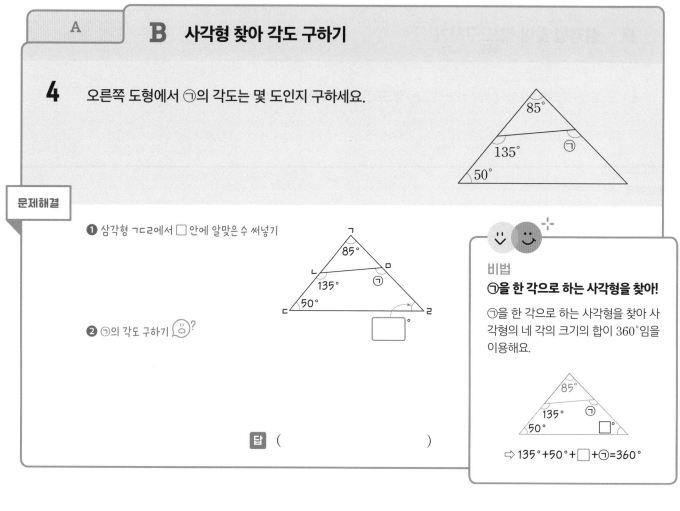

문제해결

❶ 삼각형 ㄱㄷㄹ에서 ☐ 안에 알맞은 수 써넣기

❷ ㉠의 각도 구하기 😮?

비법
㉠을 한 각으로 하는 사각형을 찾아!

㉠을 한 각으로 하는 사각형을 찾아 사각형의 네 각의 크기의 합이 360°임을 이용해요.

⇨ 135°+50°+☐+㉠=360°

답 (   )

5 오른쪽 도형에서 ㉠의 각도는 몇 도인지 구하세요.

(   )

6 오른쪽은 직사각형 ㄱㄷㅁㅅ 안에 선분 ㅇㄹ, 선분 ㄴㅂ을 그은 것입니다. 각 ㄱㅇㅈ의 크기는 몇 도인지 구하세요.

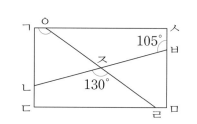

(   )

도형에 선을 그어 각도 구하기

A 삼각형 또는 사각형으로 나누어 각도 구하기   B   C

1 오른쪽 오각형의 다섯 각의 크기의 합은 몇 도인지 구하세요.

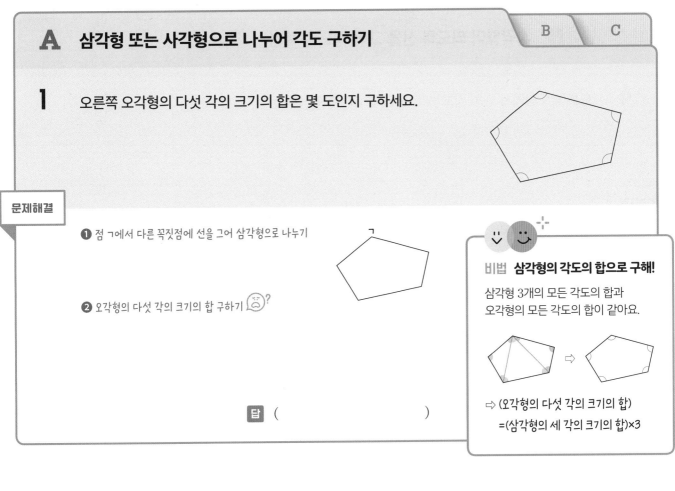

문제해결

❶ 점 ㄱ에서 다른 꼭짓점에 선을 그어 삼각형으로 나누기

❷ 오각형의 다섯 각의 크기의 합 구하기

답 (   )

비법 **삼각형의 각도의 합으로 구해!**

삼각형 3개의 모든 각도의 합과
오각형의 모든 각도의 합이 같아요.

⇨ (오각형의 다섯 각의 크기의 합)
= (삼각형의 세 각의 크기의 합)×3

2 오른쪽 육각형의 여섯 각의 크기의 합은 몇 도인지 구하세요.

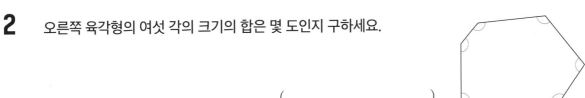

(   )

3 오른쪽 칠각형의 일곱 각의 크기의 합은 몇 도인지 구하세요.

(   )

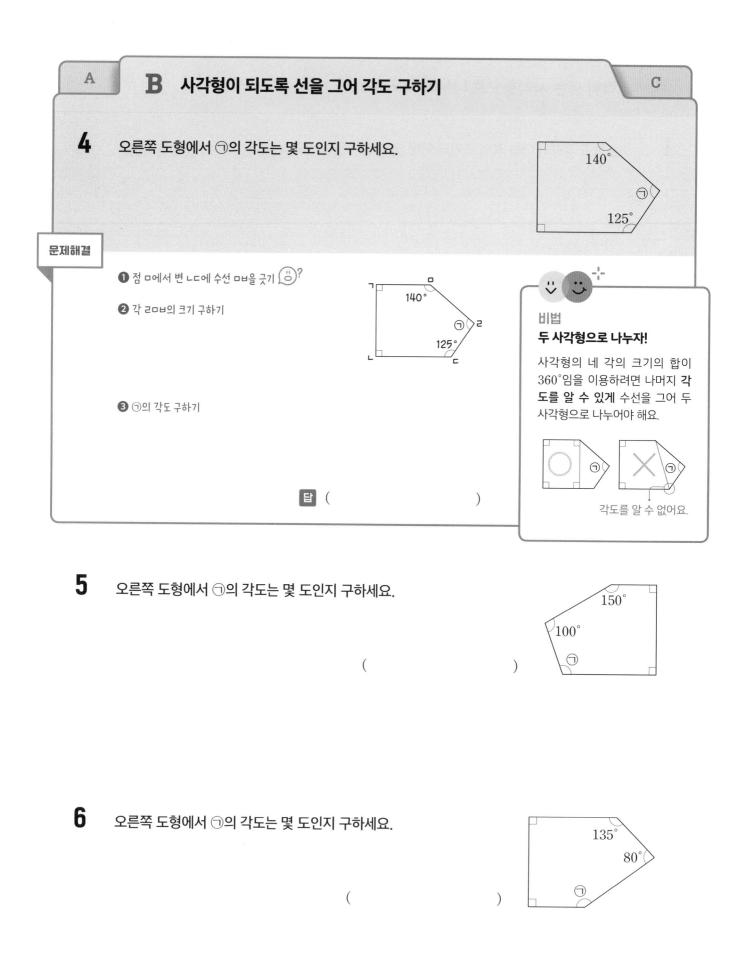

A **B 사각형이 되도록 선을 그어 각도 구하기** **C**

4 오른쪽 도형에서 ㉠의 각도는 몇 도인지 구하세요.

140°
㉠
125°

문제해결

❶ 점 ㅁ에서 변 ㄴㄷ에 수선 ㅁㅂ을 긋기

❷ 각 ㄹㅁㅂ의 크기 구하기

ㄱ
140°
㉠ ㄹ
125°
ㄴ ㅂ ㄷ

❸ ㉠의 각도 구하기

비법
두 사각형으로 나누자!

사각형의 네 각의 크기의 합이 360°임을 이용하려면 나머지 **각도를 알 수 있게** 수선을 그어 두 사각형으로 나누어야 해요.

○ ㉠   ✕ ㉠
각도를 알 수 없어요.

답 (   )

5 오른쪽 도형에서 ㉠의 각도는 몇 도인지 구하세요.

150°
100°
㉠

(   )

6 오른쪽 도형에서 ㉠의 각도는 몇 도인지 구하세요.

135°
80°
㉠

(   )

A **B** **C 삼각형이 되도록 선을 그어 각도 구하기**

7 오른쪽 도형에서 ㉠의 각도는 몇 도인지 구하세요.

문제해결

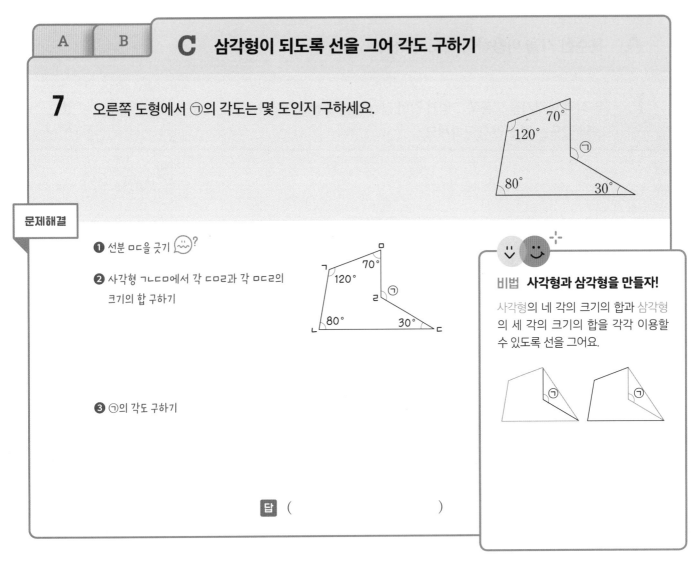

❶ 선분 ㅁㄷ을 긋기 😵?

❷ 사각형 ㄱㄴㄷㅁ에서 각 ㄷㅁㄹ과 각 ㅁㄷㄹ의
   크기의 합 구하기

❸ ㉠의 각도 구하기

😌 😊

비법 사각형과 삼각형을 만들자!

사각형의 네 각의 크기의 합과 삼각형
의 세 각의 크기의 합을 각각 이용할
수 있도록 선을 그어요.

답 (   )

8 오른쪽 도형에서 ㉠의 각도는 몇 도인지 구하세요.

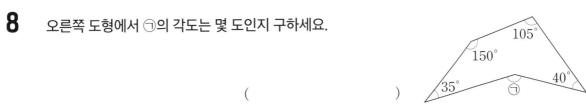

(   )

9 오른쪽 도형에서 각 ㄱㄹㄷ의 크기는 몇 도인지 구하세요.

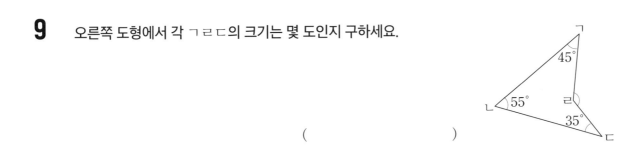

(   )

직각 삼각자에서 각도 구하기

A 특수한 각을 이용하여 각도 구하기

A+

1 두 직각 삼각자를 오른쪽 그림과 같이 겹치지 않게 붙였습니다.
㉠의 각도는 몇 도인지 구하세요.

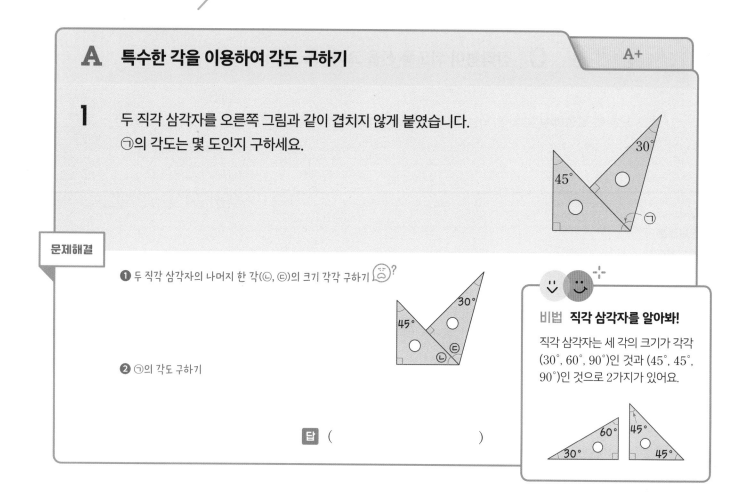

문제해결

❶ 두 직각 삼각자의 나머지 한 각(㉡, ㉢)의 크기 각각 구하기 😫?

❷ ㉠의 각도 구하기

답 ( )

비법 직각 삼각자를 알아봐!

직각 삼각자는 세 각의 크기가 각각
(30°, 60°, 90°)인 것과 (45°, 45°,
90°)인 것으로 2가지가 있어요.

2 두 직각 삼각자를 오른쪽 그림과 같이 겹쳐 놓았습니다. ㉠의 각도는
몇 도인지 구하세요.

( )

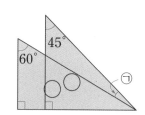

3 두 직각 삼각자를 오른쪽 그림과 같이 일직선에 놓았습니다.
㉠의 각도는 몇 도인지 구하세요.

( )

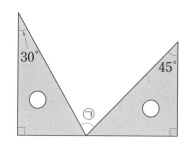

A

A+ 도형 찾아 각도 구하기

4 두 직각 삼각자를 오른쪽 그림과 같이 겹쳐 놓았습니다.
㉠의 각도는 몇 도인지 구하세요.

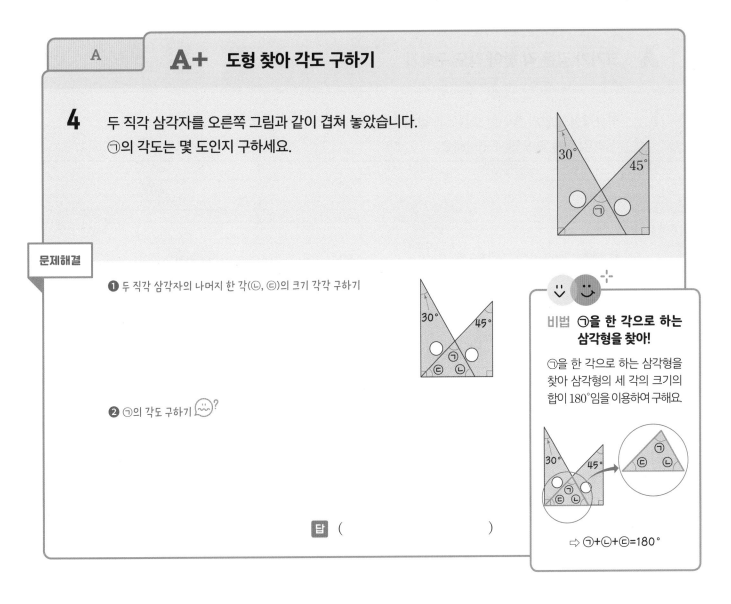

문제해결

❶ 두 직각 삼각자의 나머지 한 각(㉡, ㉢)의 크기 각각 구하기

❷ ㉠의 각도 구하기 ☺?

비법 **㉠을 한 각으로 하는
삼각형을 찾아!**

㉠을 한 각으로 하는 삼각형을
찾아 삼각형의 세 각의 크기의
합이 180°임을 이용하여 구해요.

⇨ ㉠+㉡+㉢=180°

답 (   )

5 두 직각 삼각자를 오른쪽 그림과 같이 겹쳐 놓았습니다. ㉠의 각도
는 몇 도인지 구하세요.

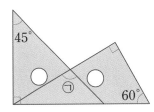

(   )

6 두 직각 삼각자를 오른쪽 그림과 같이 겹쳐 놓았습니다. ㉠의 각도는 몇 도
인지 구하세요.

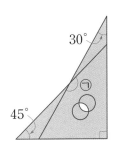

(   )

접은 종이에서 각도 구하기

A 크기가 같은 각 찾아 각도 구하기

A+

1 직사각형 모양의 종이를 오른쪽과 같이 접었습니다.
㉠의 각도는 몇 도인지 구하세요.

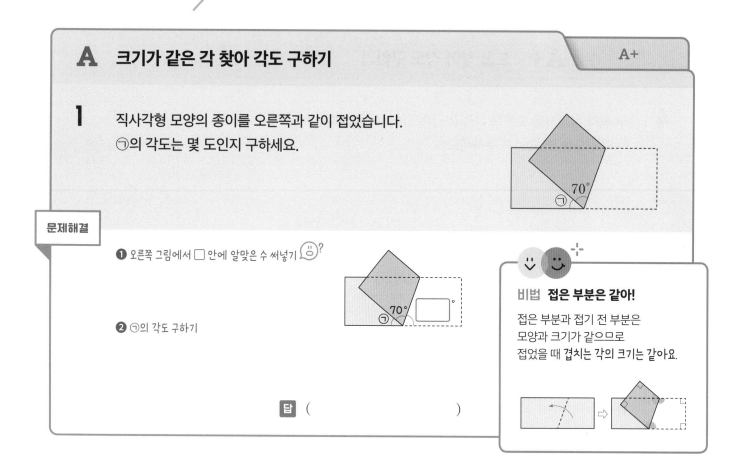

문제해결

❶ 오른쪽 그림에서 ☐ 안에 알맞은 수 써넣기

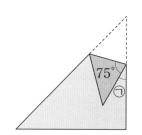

❷ ㉠의 각도 구하기

비법 **접은 부분은 같아!**

접은 부분과 접기 전 부분은
모양과 크기가 같으므로
접었을 때 **겹치는 각의 크기는 같아요.**

답 (   )

2 삼각형 모양의 종이를 오른쪽과 같이 접었습니다. ㉠의 각도는 몇 도인
지 구하세요.

(   )

3 직사각형 모양의 종이를 오른쪽과 같이 접었습니다. 각 ㅂㄱㄹ
의 크기는 몇 도인지 구하세요.

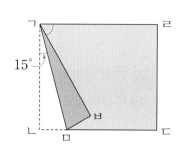

(   )

A | A+ 도형 찾아 각도 구하기

4 직사각형 모양의 종이를 오른쪽과 같이 접었습니다.
각 ㄱㅂㄹ의 크기는 몇 도인지 구하세요.

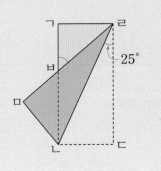

문제해결

❶ 각 ㅁㄹㄷ의 크기 구하기

❷ 각 ㄱㄹㅂ의 크기 구하기

❸ 각 ㄱㅂㄹ의 크기 구하기

답 (   )

비법
직사각형을 알아봐!

직사각형은
네 각이 모두 직각이에요.

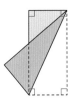

5 직사각형 모양의 종이를 오른쪽과 같이 접었습니다. 각 ㄱㅂㄴ
의 크기는 몇 도인지 구하세요.

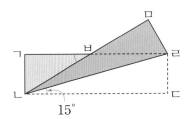

(   )

6 직사각형 모양의 종이를 오른쪽과 같이 접었습니다. 각 ㄱㄷㅁ의
크기는 몇 도인지 구하세요.

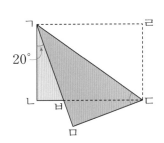

(   )

01 각도가 가장 작은 것을 찾아 기호를 쓰세요.

$$\bigcirc \ 144°-36° \qquad \bigcirc \ 50°+60° \qquad \bigcirc \ 175°-58°$$

( )

02 오른쪽은 삼각형과 사각형을 겹쳐 놓은 것입니다. 이 도형에서 찾을 수 있는 예각은 모두 몇 개인지 구하세요.

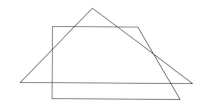

( )

03 직선을 크기가 같은 각 5개로 나눈 것입니다. 도형에서 찾을 수 있는 크고 작은 둔각은 모두 몇 개인지 구하세요.

🔗 유형 01 **B**

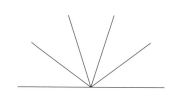

( )

04

◎
유형 03 **B**

오른쪽 도형에서 ㉠의 각도는 몇 도인지 구하세요.

(   )

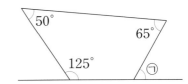

05

◎
유형 06 **A**

두 직각 삼각자를 오른쪽 그림과 같이 겹쳐 놓았습니다. ㉠의 각도
는 몇 도인지 구하세요.

(   )

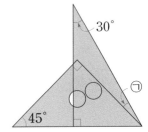

06

◎
유형 02 **B+**

민형이가 친구들과 1시 30분에 축구를 시작했습니다. 민형이가 축구를 시작한 시각에 시계의
긴바늘과 짧은바늘이 이루는 작은 쪽의 각도를 구하세요.

(   )

07 오른쪽 도형에서 각 ㄱㄹㅁ의 크기는 몇 도인지 구하세요.

유형 04 **B**

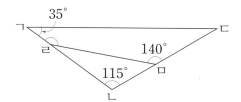

(   )

08 오른쪽 도형에서 ㉠의 각도는 몇 도인지 구하세요.

유형 05 **C**

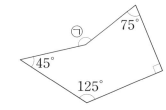

(   )

09 직사각형 모양의 종이를 오른쪽과 같이 접었습니다. 각 ㄱㅂㄷ의 크기는 몇 도인지 구하세요.

유형 07 **A+**

(   )

10 오른쪽 도형에서 각 ㄱㅇㄴ의 크기는 각 ㄷㅇㄹ의 크기보다 15° 더 작습니다. 각 ㄷㅇㄹ의 크기는 몇 도인지 구하세요.

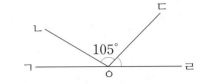

유형 03 Ⓐ

( )

11 오른쪽 도형에서 각 ㄴㄱㄷ과 각 ㄷㄱㅁ의 크기는 같습니다. 각 ㄱㄷㄴ의 크기는 몇 도인지 구하세요.

유형 04 Ⓐ

( )

12 오른쪽 그림은 삼각형 ㄱㄴㄷ을 점 ㄴ을 중심으로 화살표 방향으로 돌린 것입니다. 삼각형 ㄱㄴㄷ을 몇 도만큼 돌렸는지 구하세요.

( )

3

곱셈과 나눗셈

학습기록표

곱셈, 나눗셈의 활용

A 전체 양 구하기

B   B+

1 어느 과수원에서 귤은 한 상자에 115개씩 23상자를 생산했고,
체리는 한 상자에 205개씩 30상자를 생산했습니다.
이 과수원에서 생산한 귤과 체리는 모두 몇 개인지 구하세요.

문제해결

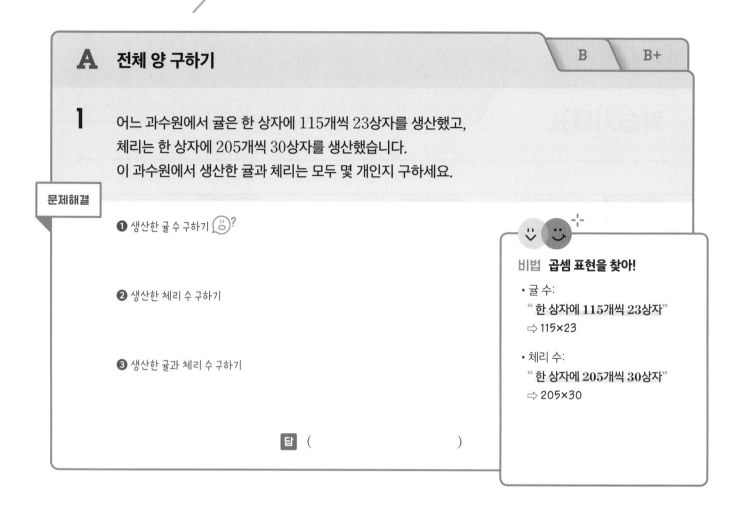

❶ 생산한 귤 수 구하기

❷ 생산한 체리 수 구하기

❸ 생산한 귤과 체리 수 구하기

비법 곱셈 표현을 찾아!

• 귤 수:
" 한 상자에 115개씩 23상자"
⇨ 115×23

• 체리 수:
" 한 상자에 205개씩 30상자"
⇨ 205×30

답 (   )

2 빨간색 색종이는 한 묶음에 146장씩 36묶음 있고, 파란색 색종이는 한 묶음에 128장씩 21묶음
있습니다. 빨간색 색종이와 파란색 색종이는 모두 몇 장 있는지 구하세요.

(   )

3 한 봉지에 125 g씩 들어 있는 소금이 58봉지 있고, 한 봉지에 650 g씩 들어 있는 설탕이 11봉지
있습니다. 소금과 설탕 중 어느 것이 몇 g 더 많이 있는지 구하세요.

(,   )

| A | **B** 모두 담을 때 필요한 묶음의 수 구하기 | B+ |

4 구슬 133개를 한 봉지에 16개씩 담으려고 합니다.
구슬을 모두 담으려면 봉지는 몇 봉지 필요한지 구하세요.

문제해결

❶ 한 봉지에 16개씩 담으면 몇 봉지가 되고 구슬 몇 개가 남는지 구하기

❷ 구슬을 모두 담는 데 필요한 봉지 수 구하기

비법 **남는 구슬도 봉지에 담아!**

구슬을 모두 담아야 하므로
남는 구슬도 봉지에 담아야 해요.

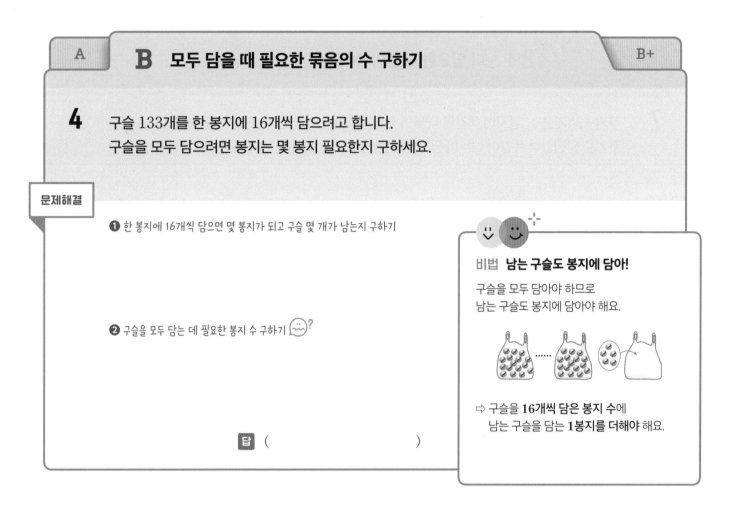

⇨ 구슬을 **16개씩 담은** 봉지 수에
남는 구슬을 담는 **1봉지를 더해야** 해요.

답 (   )

5 장난감 414개를 한 상자에 36개씩 담으려고 합니다. 장난감을 모두 담으려면 상자는 몇 상자 필요한지 구하세요.

(   )

6 쌀 654 kg을 한 자루에 20 kg씩 담아 판매하려고 합니다. 판매할 수 있는 쌀은 몇 자루인지 구하세요.

(   )

자루에 담고 남는 쌀을
판매할 수 있을까요?

A	B

B+ 더 필요한 물건의 수 구하기

7 쿠키 184개를 13접시에 똑같이 나누어 담으려고 하였더니 몇 개가 모자랐습니다.
쿠키를 남김없이 똑같이 나누어 담으려면 쿠키는 적어도 몇 개 더 필요한지 구하세요.

문제해결

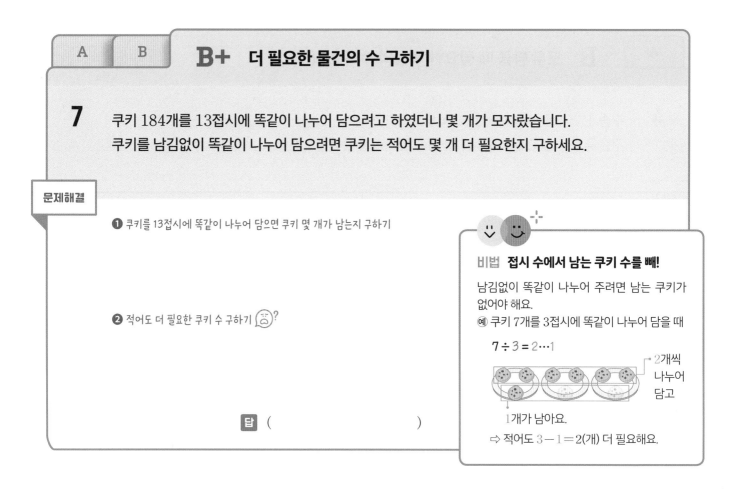

❶ 쿠키를 13접시에 똑같이 나누어 담으면 쿠키 몇 개가 남는지 구하기

❷ 적어도 더 필요한 쿠키 수 구하기 (😣)?

답 (   )

비법 접시 수에서 남는 쿠키 수를 빼!

남김없이 똑같이 나누어 주려면 남는 쿠키가
없어야 해요.
예) 쿠키 7개를 3접시에 똑같이 나누어 담을 때

$7 \div 3 = 2 \cdots 1$

2개씩 나누어 담고
1개가 남아요.

⇨ 적어도 $3 - 1 = 2$(개) 더 필요해요.

8 감 158개를 19상자에 똑같이 나누어 담으려고 하였더니 몇 개가 모자랐습니다. 감을 남김없이
똑같이 나누어 담으려면 감은 적어도 몇 개 더 필요한지 구하세요.

(   )

9 한 자루에 750원인 연필 243자루를 학생 17명에게 똑같이 나누어 주려고 하였더니 몇 자루가
모자랐습니다. 모자란 연필을 사려면 적어도 얼마가 필요한지 구하세요.

(   )

세로셈 완성하기

A 곱셈식 완성하기

1 오른쪽 곱셈식에서 ㉠, ㉡, ㉢, ㉣에 알맞은 수를 각각 구하세요.

```
      ㉠ 4 8
  ×     5 ㉡
  ─────────
    4 ㉢ 8 4
  2 ㉣ 4 0
  ─────────
  3 1 7 8 4
```

문제해결

❶ 4㉢84+2㉣400=31784에서 ㉢, ㉣에 알맞은 수 각각 구하기

❷ ㉠48×5=2㉣40에서 ㉠에 알맞은 수 구하기

❸ ㉠48×㉡=4㉢84에서 ㉡에 알맞은 수 구하기

답 ㉠ (　　　), ㉡ (　　　), ㉢ (　　　), ㉣ (　　　)

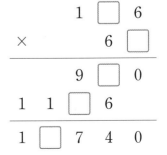

비법 쉽게 알 수 있는 것부터!

위에서부터 순서대로 구하는 것보다 알 수 있는 것부터 구하는 게 쉬워요.

```
      ㉠ 4 8
  ×     5 ㉡
  ─────────
    4 ㉢ 8 4
+ 2 ㉣ 4 0
  ─────────
  3 1 7 8 4
```

⇨ 각 자리의 합으로 ㉢, ㉣을 쉽게 구할 수 있어요.

2 오른쪽 곱셈식에서 □ 안에 알맞은 수를 써넣으세요.

```
    3 □ 7
  ×   □ 4
  ───────
  1 3 8 □
  6 □ 4
  ───────
  8 3 □ 8
```

3 오른쪽 곱셈식에서 □ 안에 알맞은 수를 써넣으세요.

```
      1 □ 6
  ×     6 □
  ─────────
      9 □ 0
  1 1 □ 6
  ─────────
  1 □ 7 4 0
```

B 나눗셈식 완성하기

4 오른쪽 나눗셈식에서
㉠, ㉡, ㉢, ㉣, ㉤에 알맞은 수를 각각 구하세요.

```
          3 ㉠
  ㉡ 7 ) 5 5 ㉢
        5 1
      ─────
        ㉣ 0
        3 ㉤
      ─────
          6
```

문제해결

❶ ㉢, ㉣, ㉤에 알맞은 수 각각 구하기

❷ ㉡7×3=51에서 ㉡에 알맞은 수 구하기

❸ ㉡7×㉠=3㉤에서 ㉠에 알맞은 수 구하기

답 ㉠ (   ), ㉡ (   ), ㉢ (   ), ㉣ (   ), ㉤ (   )

비법 쉽게 알 수 있는 것부터!

위에서부터 순서대로 구하는 것보다
알 수 있는 것부터 구하는 게 쉬워요.

```
          3 ㉠
  ㉡ 7 ) 5 5 ㉢
       −5 1
      ─────
        ㉣ 0
       −3 ㉤
      ─────
          6
```

⇨ 각 계산의 차로 ㉣, ㉤을 쉽게 구할
  수 있어요.

5 오른쪽 나눗셈식에서 ㉠, ㉡, ㉢, ㉣, ㉤, ㉥에 알맞은 수를 각각 구하세요.

```
          ㉠ 1
  ㉡ 3 ) 5 ㉢ 5
        ㉣ 2
      ─────
        1 ㉤
        ㉥ 3
      ─────
          2
```

㉠ (   ), ㉡ (   ), ㉢ (   ), ㉣ (   ), ㉤ (   ), ㉥ (   )

6 오른쪽 나눗셈식에서 ㉠, ㉡, ㉢, ㉣, ㉤, ㉥에 알맞은 수를 각각 구하세요.

```
          ㉠ ㉡
  2 9 ) ㉢ 3 2
        8 ㉣
      ─────
        ㉤ 2
        5 ㉥
      ─────
          4
```

㉠ (   ), ㉡ (   ), ㉢ (   ), ㉣ (   ), ㉤ (   ), ㉥ (   )

| A | B |

A+B 예상이 필요한 식 완성하기

7 오른쪽 곱셈식에서
㉠, ㉡, ㉢, ㉣, ㉤, ㉥에 알맞은 수를 각각 구하세요.

```
      4 ㉠ 2
  ×     3 ㉡
  ─────────
    4 ㉢ 3 8
  1 ㉣ 4 6
  ─────────
  1 ㉤ ㉥ 9 8
```

문제해결

❶ 4㉠2×3=1㉣46에서 ㉠, ㉣에 알맞은 수 각각 구하기

❷ 4㉠2×㉡=4㉢38에서 ㉡, ㉢에 알맞은 수 각각 구하기

❸ 4㉢38+1㉣460=1㉤㉥98에서 ㉤, ㉥에 알맞은 수 각각 구하기

답 ㉠ (   ), ㉡ (   ), ㉢ (   ),
　　㉣ (   ), ㉤ (   ), ㉥ (   )

비법
곱의 일의 자리 숫자에 주의해!

2×㉡＝8인 경우만 생각해서 답
을 구할 수 없다고 하면 안 돼요.
2단 곱셈구구에서 곱의 일의 자리
숫자가 8인 경우는 2가지가 있어요.

```
      4 ㉠ 2
  ×     3 ㉡   ⟨ 2×4=8
  ─────────     2×9=18
    4 ㉢ 3 8
  1 ㉣ 4 6
  ─────────
  1 ㉤ ㉥ 9 8
```

8 오른쪽 곱셈식에서 ㉠, ㉡, ㉢, ㉣, ㉤, ㉥에 알맞은 수를 각각 구하세요.

```
      ㉠ 2 4
  ×     7 ㉡
  ─────────
    ㉢ 1 2 0
  1 ㉣ ㉤ 8
  ─────────
  1 6 ㉥ 0 0
```

㉠ (   ), ㉡ (   ), ㉢ (   ),
㉣ (   ), ㉤ (   ), ㉥ (   )

9 오른쪽 나눗셈식에서 ㉠, ㉡, ㉢, ㉣, ㉤, ㉥에 알맞은 수를 각각 구하세요.

```
            ㉠ ㉡
      ─────────
  2 6 ) ㉢ 4 ㉣
        7 8
      ─────────
        ㉤ 6 4
        ㉥ 5 6
      ─────────
            8
```

㉠ (   ), ㉡ (   ), ㉢ (   ),
㉣ (   ), ㉤ (   ), ㉥ (   )

바르게 계산한 값

A 바르게 계산한 곱 구하기

B

1 어떤 수에 12를 곱해야 할 것을
잘못하여 12로 나누었더니 몫이 45로 나누어떨어졌습니다.
바르게 계산하면 얼마인지 구하세요.

문제해결

❶ 어떤 수 구하기 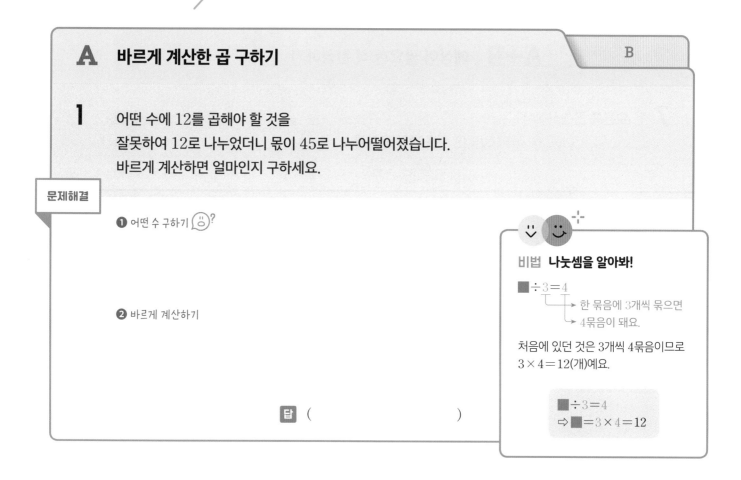?

❷ 바르게 계산하기

답 (   )

비법 나눗셈을 알아봐!

■÷3=4
└→ 한 묶음에 3개씩 묶으면
└→ 4묶음이 돼요.

처음에 있던 것은 3개씩 4묶음이므로
3×4=12(개)예요.

■÷3=4
⇨ ■=3×4=12

2 어떤 수에 36을 곱해야 할 것을 잘못하여 36으로 나누었더니 몫이 24로 나누어떨어졌습니다.
바르게 계산하면 얼마인지 구하세요.

(   )

3 어떤 수를 31로 나누어야 할 것을 잘못하여 13을 곱했더니 806이 되었습니다. 바르게 계산했을
때의 몫을 구하세요.

(   )

| A | **B** 바르게 계산한 몫과 나머지 구하기 |

4 어떤 수를 65로 나누어야 할 것을
잘못하여 56으로 나누었더니 몫이 7이고 나머지가 8이었습니다.
바르게 계산했을 때의 몫과 나머지를 각각 구하세요.

문제해결

❶ 어떤 수 구하기

❷ 바르게 계산하기

답 몫 (   )
      나머지 (   )

비법 나머지가 있는 나눗셈을 알아봐!

■ ÷ 3 = 4 ⋯ 1
  3개씩 묶으면 4묶음이 되고, 1개가 남아요.
    $3 \times 4 = 12$(개)
➤ $12 + 1 = 13$(개)

■ ÷ 3 = 4 ⋯ 1
⇨ $3 \times 4 = 12$, $12 + 1 = $ ■, ■ $= 13$

5 어떤 수를 58로 나누어야 할 것을 잘못하여 85로 나누었더니 몫이 9이고 나머지가 17이었습니
다. 바르게 계산했을 때의 몫과 나머지를 각각 구하세요.

몫 (   )
나머지 (   )

6 어떤 수에 27을 곱해야 할 것을 잘못하여 27로 나누었더니 몫이 9이고 나머지가 6이었습니다.
바르게 계산하면 얼마인지 구하세요.

(   )

곱의 범위

A □ 안에 들어갈 수 있는 수 구하기

A+

1 ■에 들어갈 수 있는 자연수 중에서 가장 큰 수를 구하세요.

$$■ \times 47 < 846$$

문제해결

❶ ■×47=846이라 할 때 ■의 값 구하기

❷ ❶에서 구한 ■의 값을 이용하여 ■에 들어갈 수 있는 자연수의 범위 구하기

　□ ×47 = 846이고

　■×47 < 846이어야 하므로

　■에는 □ 보다 (작은 , 큰) 자연수가 들어갈 수 있습니다.

❸ ■에 들어갈 수 있는 자연수 중에서 가장 큰 수 구하기

답 (　　　　　　　　　)

> **비법 작은 수로 바꿔서 생각해 봐!**
>
> ■×8 < 32에서
> ■에 들어갈 수 있는 자연수 구하기
>
> ■×8 = 32
> ■×8 = 24 < 32
> ⇨ ■×8이 32보다 작으려면 ■에는
> 　4보다 작은 수가 들어가야 해요.

2 □ 안에 들어갈 수 있는 자연수 중에서 가장 큰 수를 구하세요.

$$□ \times 39 < 858$$

(　　　　　　　　　)

3 □ 안에 들어갈 수 있는 자연수 중에서 가장 작은 수를 구하세요.

$$400 < □ \times 33$$

(　　　　　　　　　)

A | A+ 가장 가까운 수 만들기

4 곱이 900에 가장 가까운 수가 되도록 ■에 알맞은 자연수를 구하세요.

$$■ × 51$$

문제해결

❶ 900보다 작으면서 가장 가까운 곱을 구해 900과의 차 구하기

■ × 51 = 900이라 하면 900 ÷ 51 = ☐ …33입니다.

■ = 17일 때 17 × 51 = ☐

⇨ 900 − 867 = ☐

❷ 900보다 크면서 가장 가까운 곱을 구해 900과의 차 구하기

❸ 곱이 900에 가장 가까운 수가 되도록 하는 ■의 값 구하기

답 (   )

비법
2가지 경우를 생각해!

가장 가까운 수는
900보다 클 수도,
900보다 작을 수도 있어요.
900과의 차가 더 작은 수를 찾
아야 해요.

```
      20        10
 ├────────┼──────┤
880      900    910
                 ↑
              더 가까운 수
```

5 곱이 750에 가장 가까운 수가 되도록 ☐ 안에 알맞은 자연수를 써넣으세요.

$$☐ × 24$$

6 곱이 20000에 가장 가까운 수가 되도록 ☐ 안에 알맞은 자연수를 구하세요.

$$481 × ☐$$

(   )

481을 500이라 생각하면 500×40=20000이므로
481×40부터 계산해 봐요.

나누어지는 수 구하기

A **나머지가 가장 클 때 나누어지는 수 구하기**

A+ A++

1 나눗셈의 몫이 15이고 나머지가 가장 클 때 ■에 알맞은 수를 구하세요.

$$■÷30$$

문제해결

❶ 30으로 나눌 때 가장 큰 나머지 구하기 ?

❷ 몫이 15이고 나머지가 ❶에서 구한 값일 때 ■에 알맞은 수 구하기

답 (   )

비법 나머지를 알아봐!

나머지가 나누는 수와 같으면
한 번 더 나눌 수 있으므로
나머지는 항상 **나누는 수보다 작아요.**

예 **5**로 나눌 때 나머지: 0, 1, 2, 3, 4

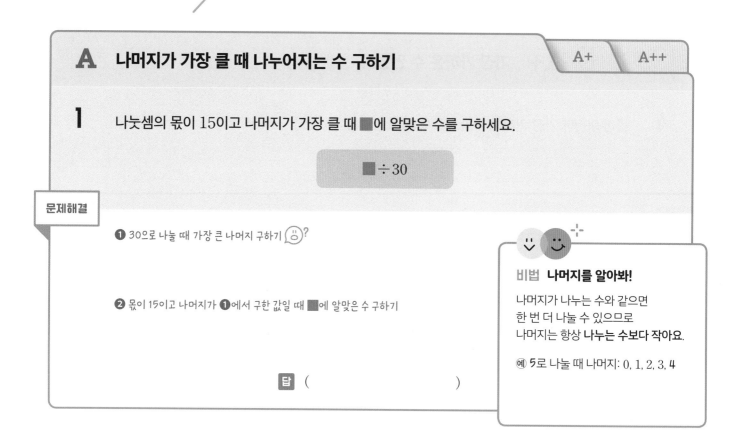

2 나눗셈의 몫이 16이고 나머지가 가장 클 때 □ 안에 알맞은 수를 써넣으세요.

$$□÷26$$

3 나눗셈의 몫이 21이고 나누어지는 수가 가장 클 때 □ 안에 알맞은 수를 구하세요.

$$□÷38$$

(   )

| A | **A+** 나머지를 예상하여 나누어지는 수 구하기 | A++ |

4 ■에는 0부터 9까지의 수가 들어갈 수 있습니다.
나눗셈의 몫이 23일 때 ■에 들어갈 수 있는 수를 모두 구하세요.

$$8■4 ÷ 37$$

문제해결

❶ 몫이 23이고 나머지가 0일 때 나누어지는 수 구하기

❷ 몫이 23이고 나머지가 가장 클 때 나누어지는 수 구하기

❸ ❶, ❷에서 구한 값을 이용하여 ■에 들어갈 수 있는 수 모두 구하기

답 (   )

비법
나머지로 8■4의 범위를 알아봐!

" 나눗셈의 몫이 23일 때 "

⇨ 나머지는 정해지지 않았으므로
37로 나눌 때 몫은 23이고
나머지는 0부터 36까지 될 수 있어요.

| | 몫 | 나머지 |

$$8■4 ÷ 37 ⇨ 23 \begin{cases} 0 \\ \vdots \\ 36 \end{cases}$$

5 ☐ 안에는 0부터 9까지의 수가 들어갈 수 있습니다. 나눗셈의 몫이 17일 때 ☐ 안에 들어갈 수 있는 수를 모두 구하세요.

$$3☐7 ÷ 20$$

(   )

6 ☐ 안에는 0부터 9까지의 수가 들어갈 수 있습니다. 나눗셈의 몫이 12일 때 ☐ 안에 들어갈 수 있는 수의 합을 구하세요.

$$5☐9 ÷ 45$$

(   )

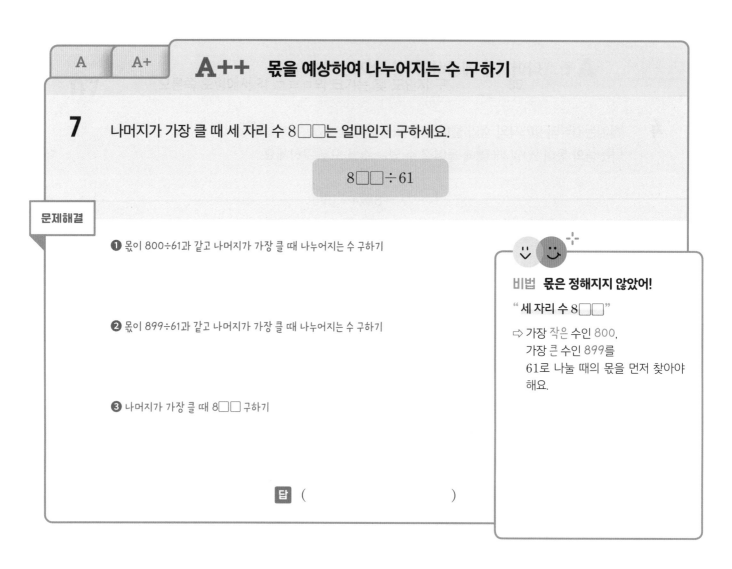

A | A+ | **A++** 몫을 예상하여 나누어지는 수 구하기

7 나머지가 가장 클 때 세 자리 수 8□□는 얼마인지 구하세요.

$$8□□ \div 61$$

문제해결

❶ 몫이 800÷61과 같고 나머지가 가장 클 때 나누어지는 수 구하기

❷ 몫이 899÷61과 같고 나머지가 가장 클 때 나누어지는 수 구하기

❸ 나머지가 가장 클 때 8□□ 구하기

비법 몫은 정해지지 않았어!

" 세 자리 수 8□□ "

⇨ 가장 작은 수인 800,
가장 큰 수인 899를
61로 나눌 때의 몫을 먼저 찾아야
해요.

답 (   )

8 7□□는 세 자리 수입니다. 나머지가 가장 클 때 □ 안에 알맞은 수를 써넣으세요.

$$7□□ \div 84$$

9 340보다 크고 400보다 작은 수 중에서 90으로 나누었을 때 나머지가 가장 큰 수를 구하세요.

(   )

수 카드로 식 만들기

A 수 카드로 조건에 알맞은 수 만들어 구하기

B   C

1 수 카드를 한 번씩만 사용하여 만들 수 있는 수 중
가장 큰 세 자리 수와 가장 작은 두 자리 수의 곱은 얼마인지 구하세요.

| 2 | 6 | 8 | 9 | 1 |

문제해결

❶ 가장 큰 세 자리 수와 가장 작은 두 자리 수 각각 만들기 ?

**비법 가장 큰 수는 큰 수부터,
가장 작은 수는 작은 수부터!**

• 가장 큰 수:
높은 자리부터 큰 수를 차례대로 놓
아요.

• 가장 작은 수:
높은 자리부터 작은 수를 차례대로 놓
아요. 이때 0은 가장 높은 자리에 올
수 없어요.

❷ 가장 큰 세 자리 수와 가장 작은 두 자리 수의 곱 구하기

답 (   )

2 수 카드를 한 번씩만 사용하여 만들 수 있는 수 중 가장 작은 세 자리 수를 가장 큰 두 자리 수로
나눈 몫과 나머지를 각각 구하세요.

| 3 | 5 | 7 | 4 | 9 |

몫 (   )

나머지 (   )

3 수 카드를 한 번씩만 사용하여 만들 수 있는 수 중 가장 큰 세 자리 수와 두 번째로 작은 두 자리
수의 곱을 구하세요.

| 2 | 0 | 3 | 7 | 8 | 5 |

(   )

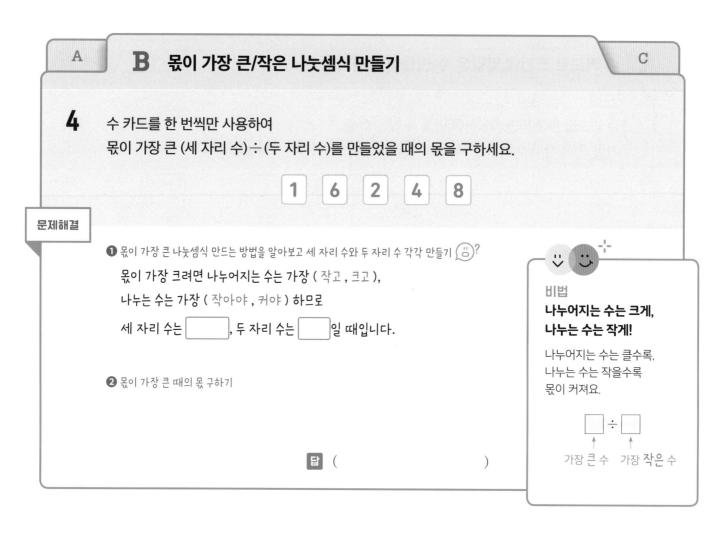

A

B 몫이 가장 큰/작은 나눗셈식 만들기

C

4 수 카드를 한 번씩만 사용하여
몫이 가장 큰 (세 자리 수)÷(두 자리 수)를 만들었을 때의 몫을 구하세요.

> 1   6   2   4   8

문제해결

❶ 몫이 가장 큰 나눗셈식 만드는 방법을 알아보고 세 자리 수와 두 자리 수 각각 만들기

몫이 가장 크려면 나누어지는 수는 가장 (작고 , 크고),

나누는 수는 가장 (작아야 , 커야) 하므로

세 자리 수는 ☐, 두 자리 수는 ☐ 일 때입니다.

❷ 몫이 가장 클 때의 몫 구하기

답 (   )

비법
**나누어지는 수는 크게,
나누는 수는 작게!**

나누어지는 수는 클수록,
나누는 수는 작을수록
몫이 커져요.

☐ ÷ ☐
↑   ↑
가장 큰 수   가장 작은 수

5 수 카드를 한 번씩만 사용하여 몫이 가장 큰 (세 자리 수)÷(두 자리 수)를 만들었을 때의 몫과 나머지를 각각 구하세요.

> 2   8   5   7   4

몫 (   )
나머지 (   )

6 수 카드를 한 번씩만 사용하여 몫이 가장 작은 (세 자리 수)÷(두 자리 수)를 만들었을 때의 몫을 구하세요.

> 4   3   8   5   6

몫이 가장 작은 나눗셈식은 여러 가지 만들 수 있어요.
나머지가 여러 가지 나올 수 있거든요.

(   )

| A | B | **C** | **곱이 가장 큰/작은 곱셈식 만들기** |

7 수 카드를 한 번씩만 사용하여
곱이 가장 크게 되는 (세 자리 수) × (두 자리 수)를 만들었을 때의 곱을 구하세요.

| 3 | 4 | 6 | 7 | 9 |

문제해결

❶ 곱이 가장 크게 되도록 하는 높은 자리 숫자 구하기

곱이 가장 크려면 ㉠■■ × ㉡■에서 ㉠과 ㉡에 큰 두 수 [ ]와 [ ]
을 넣어야 합니다.

❷ 나머지 수를 채워 넣어 곱이 가장 큰 때의 곱 구하기

답 ( )

> **비법 곱을 가장 크게 만드는 방법**
>
> 높은 자리의 수가 클수록 곱이 커져요.
> 이때 곱하는 수의 십의 자리 수는 3번 곱해지므로 클수록 곱이 커요.
>
> ☐☐☐   ☐☐☐
> × ☐☐ ⇨ × ☐☐
>   가장 큰 수

8 수 카드를 한 번씩만 사용하여 곱이 가장 크게 되는 (세 자리 수) × (두 자리 수)를 만들고, 그때의
곱을 구하세요.

| 2 | 4 | 5 | 3 | 8 |

곱셈식 ( )
곱 ( )

9 수 카드를 한 번씩만 사용하여 곱이 가장 작게 되는 (세 자리 수) × (두 자리 수)를 만들었을 때의
곱을 구하세요.

| 1 | 7 | 2 | 6 | 9 |

( )

일정한 간격의 활용

A 이어 붙인 색 테이프의 전체 길이 구하기

B

1 길이가 135 cm인 색 테이프 11장을 4 cm씩 겹쳐서 길게 이어 붙였습니다.
이어 붙인 색 테이프의 전체 길이는 몇 cm인지 구하세요.

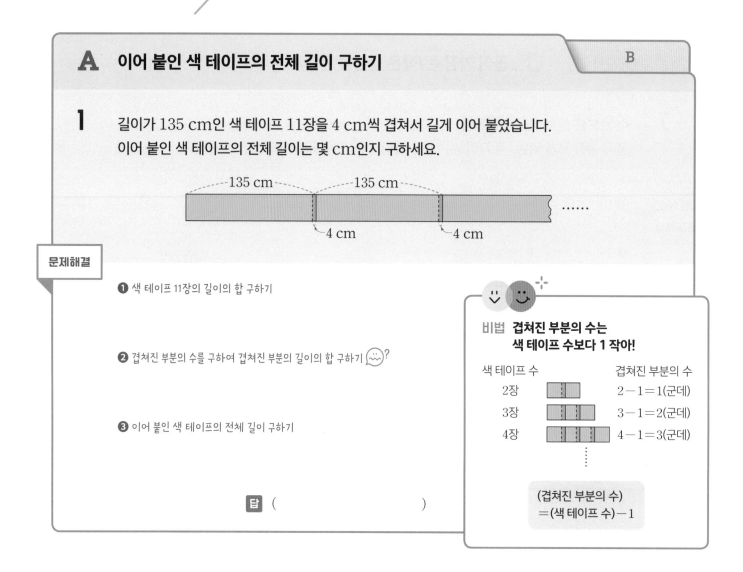

문제해결

❶ 색 테이프 11장의 길이의 합 구하기

❷ 겹쳐진 부분의 수를 구하여 겹쳐진 부분의 길이의 합 구하기

❸ 이어 붙인 색 테이프의 전체 길이 구하기

답 ( )

비법 겹쳐진 부분의 수는
색 테이프 수보다 1 작아!

색 테이프 수		겹쳐진 부분의 수
2장		2−1=1(군데)
3장		3−1=2(군데)
4장		4−1=3(군데)

(겹쳐진 부분의 수)
=(색 테이프 수)−1

2 길이가 242 cm인 색 테이프 13장을 12 cm씩 겹쳐서 길게 이어 붙였습니다. 이어 붙인 색 테이프의 전체 길이는 몇 cm인지 구하세요.

( )

3 길이가 189 cm인 색 테이프 25장을 8 cm씩 겹쳐서 길게 이어 붙였습니다. 이어 붙인 색 테이프의 전체 길이는 몇 m 몇 cm인지 구하세요.

( )

문제를 읽고 어떻게 풀지 5분은 생각하기!

A

B 직선 도로에 심은 가로수의 수 구하기

4 길이가 253 m인 도로의 양쪽에 처음부터 끝까지 가로수를 심으려고 합니다.
가로수를 11 m 간격으로 심는다면 가로수는 몇 그루 필요한지 구하세요.
(단, 가로수의 두께는 생각하지 않습니다.)

문제해결

❶ 가로수 사이의 간격 수 구하기

❷ 도로 한쪽에 심는 가로수의 수 구하기 😊?

❸ 도로 양쪽에 심는 가로수의 수 구하기

답 (   )

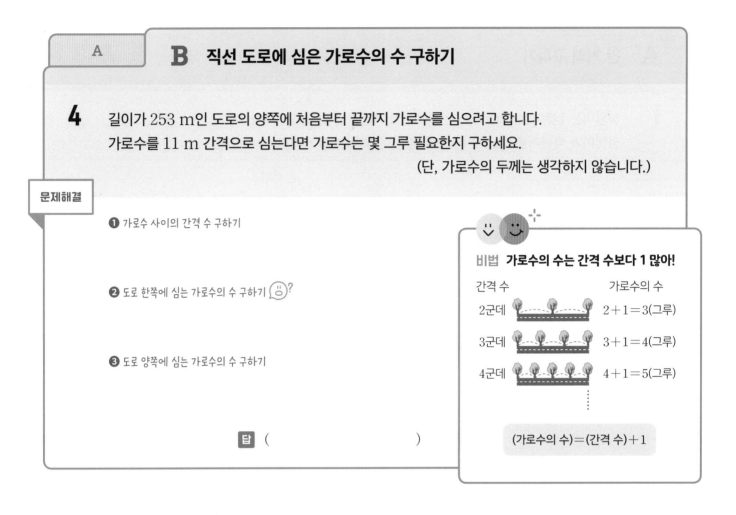

비법 **가로수의 수는 간격 수보다 1 많아!**

간격 수		가로수의 수
2군데		2+1=3(그루)
3군데		3+1=4(그루)
4군데		4+1=5(그루)

(가로수의 수)=(간격 수)+1

5 길이가 432 m인 도로의 양쪽에 처음부터 끝까지 가로등을 세우려고 합니다. 가로등을 27 m 간격으로 세운다면 가로등은 몇 개 필요한지 구하세요. (단, 가로등의 두께는 생각하지 않습니다.)

(   )

6 길이가 340 m인 길의 한쪽에 처음부터 끝까지 같은 간격으로 의자 18개를 놓았습니다. 의자는 몇 m 간격으로 놓았는지 구하세요. (단, 의자의 길이는 생각하지 않습니다.)

(   )

3. 곱셈과 나눗셈 **79**

거리, 시간의 활용

A 간 거리 구하기

B

1 정현이는 1분에 250 m씩 가는 빠르기로 자전거를 타고 있습니다.
정현이가 자전거를 타고 20분 30초 동안 간 거리는 몇 m인지 구하세요.

문제해결

❶ 20분 동안 간 거리 구하기

❷ 30초 동안 간 거리 구하기 ?

❸ 20분 30초 동안 간 거리 구하기

답 ( )

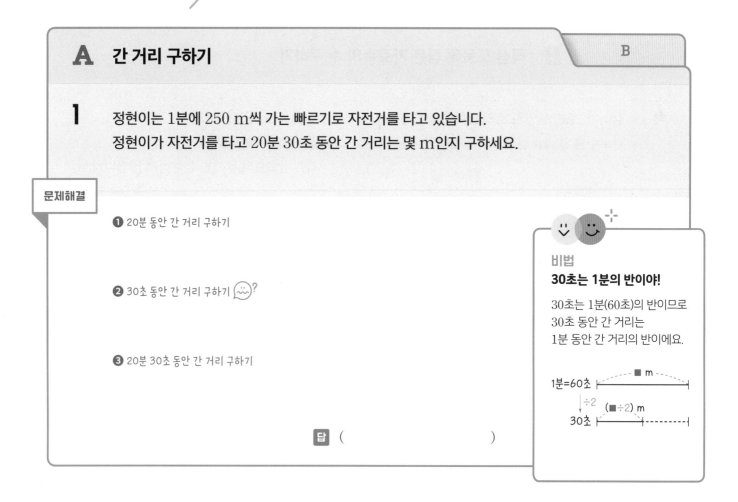

비법
30초는 1분의 반이야!

30초는 1분(60초)의 반이므로
30초 동안 간 거리는
1분 동안 간 거리의 반이에요.

1분=60초 ⊢──── ■ m ────┤
　　　　　 ↓÷2　(■÷2) m
30초 ⊢──────┤- - - - - -

2 한 시간에 556 km씩 가는 비행기가 있습니다. 이 비행기가 11시간 30분 동안 간 거리는 몇 km인지 구하세요.

( )

3 가온이는 1분에 135 m씩 가는 빠르기로 달리고 있습니다. 가온이가 16분 20초 동안 달린 거리는 몇 m인지 구하세요.

( )

se
오늘 하루도 참 잘했어요.

A	**B 걸리는 시간 구하기**

4 길이가 160 m인 기차가 1초에 35 m씩 가는 빠르기로 달리고 있습니다.
이 기차가 610 m인 터널에 진입해서 완전히 빠져나가는 데 걸리는 시간은 몇 초인지 구하세요.

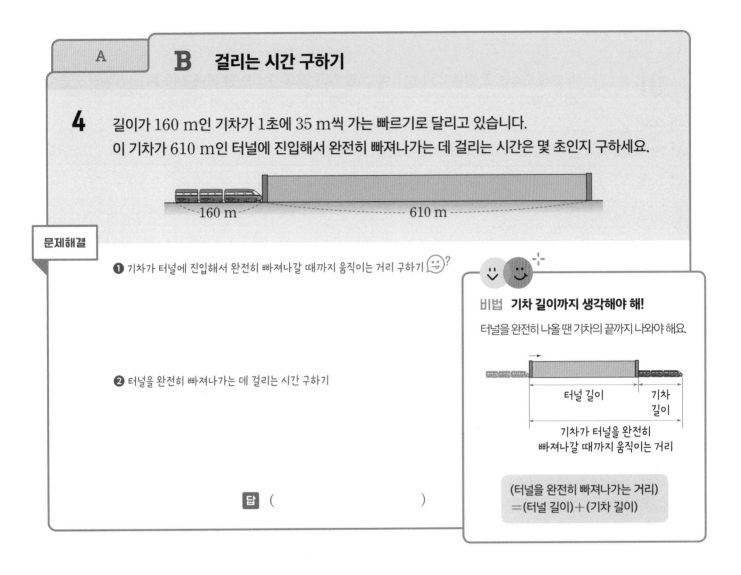

160 m ······ 610 m

문제해결

❶ 기차가 터널에 진입해서 완전히 빠져나갈 때까지 움직이는 거리 구하기

❷ 터널을 완전히 빠져나가는 데 걸리는 시간 구하기

비법 기차 길이까지 생각해야 해!

터널을 완전히 나올 땐 기차의 끝까지 나와야 해요.

터널 길이   기차 길이

기차가 터널을 완전히
빠져나갈 때까지 움직이는 거리

**(터널을 완전히 빠져나가는 거리)
=(터널 길이)+(기차 길이)**

답 (   )

5 길이가 114 m인 기차가 1초에 27 m씩 가는 빠르기로 달리고 있습니다. 이 기차가 858 m인
터널에 진입해서 완전히 빠져나가는 데 걸리는 시간은 몇 초인지 구하세요.

(   )

6 길이가 11 m인 버스가 1초에 14 m씩 가는 빠르기로 달리고 있습니다. 이 버스가 983 m인
터널에 진입해서 완전히 빠져나가는 데 걸리는 시간은 몇 분 몇 초인지 구하세요.

(   )

3. 곱셈과 나눗셈 **81**

단원 3 유형 마스터

01

유형 01 A

오렌지 주스는 한 병에 250 mL씩 25병 있고, 포도 주스는 한 병에 240 mL씩 30병 있습니다. 오렌지 주스와 포도 주스 중 어느 것이 몇 mL 더 많이 있는지 구하세요.

(,)

02

유형 01 B+

자두 215개를 26봉지에 똑같이 나누어 담으려고 하였더니 몇 개가 모자랐습니다. 자두를 남김없이 똑같이 나누어 담으려면 자두는 적어도 몇 개 더 필요한지 구하세요.

( )

03

㉮ 도화지는 20장에 700원이고 ㉯ 도화지는 30장에 900원입니다. ㉮와 ㉯ 도화지 중 더 싼 것을 구하세요.

( )

04 영규는 하루에 20분씩 줄넘기를 하고 30분씩 달리기를 합니다. 영규가 2주일 동안 줄넘기와 달리기를 한 시간은 모두 몇 분인지 구하세요.

(   )

05 오른쪽 곱셈식에서 ☐ 안에 알맞은 수를 써넣으세요.

∞ 유형 02 A+B

$$
\begin{array}{r}
5\ 2\ \square \\
\times\ \ \square\ 9 \\
\hline
4\ 7\ 5\ 2 \\
1\ \square\ 5\ 6\ \ \ \\
\hline
1\ \square\ 3\ \square\ 2
\end{array}
$$

06 곱이 12000에 가장 가까운 수가 되도록 ☐ 안에 알맞은 자연수를 구하세요.

∞ 유형 04 A+

$$388 \times \square$$

(   )

07 어떤 수를 34로 나누었더니 몫이 23이고 나머지가 25였습니다. 어떤 수를 17로 나누었을 때의 몫과 나머지를 각각 구하세요.

유형 03 B

몫 (   )

나머지 (   )

08 수 카드를 한 번씩만 사용하여 만들 수 있는 수 중 두 번째로 큰 세 자리 수와 가장 작은 두 자리 수의 곱은 얼마인지 구하세요.

유형 06 A

| 3 | 6 | 1 | 7 | 9 | 4 |

(   )

09 길이가 5 m인 자동차가 1초에 16 m씩 가는 빠르기로 달리고 있습니다. 이 자동차가 987 m인 터널에 진입해서 완전히 빠져나가는 데 걸리는 시간은 몇 초인지 구하세요.

유형 08 B

(   )

10 길이가 108 cm인 색 테이프 14장을 일정한 간격으로 겹쳐서 길게 이어 붙였습니다. 이어 붙인 색 테이프의 전체 길이가 1434 cm일 때 몇 cm씩 겹쳐서 이어 붙였는지 구하세요.

유형 07 **A**

(   )

11 도로의 양쪽에 처음부터 끝까지 나무 62그루를 16 m 간격으로 심었습니다. 이 도로의 길이는 몇 m인지 구하세요. (단, 나무의 두께는 생각하지 않습니다.)

유형 07 **B**

(   )

12 나눗셈식의 일부분에 잉크가 묻었습니다. 나누어지는 수가 될 수 있는 자연수 중에서 가장 작은 수를 구하세요.

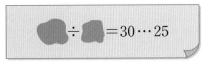

$$ \blacksquare \div \blacksquare = 30 \cdots 25 $$

(   )

4

평면도형의 이동

학습기록표

유형 01	학습일
	학습평가

여러 번 움직이기

A	뒤집기
B	돌리기
A+B	뒤집고 돌리기

유형 02	학습일
	학습평가

움직이기 전 도형

A	움직이기 전
A+	바르게 움직이기

유형 03	학습일
	학습평가

수 카드 움직이기

A	수 움직이기
B	뒤집기
C	돌리기
B+C	수 만들어 움직이기

유형 04	학습일
	학습평가

움직인 방법 설명하기

A	움직인 방법
A+	다른 방법

유형 05	학습일
	학습평가

규칙 찾기

A	도형
A+	무늬

유형 마스터	학습일
	학습평가

평면도형의 이동

여러 번 움직이기

A 여러 번 뒤집기

B   A+B

1 오른쪽 도형을 아래쪽으로 4번 뒤집은 다음
오른쪽으로 3번 뒤집었을 때의 도형을 그려 보세요.

문제해결

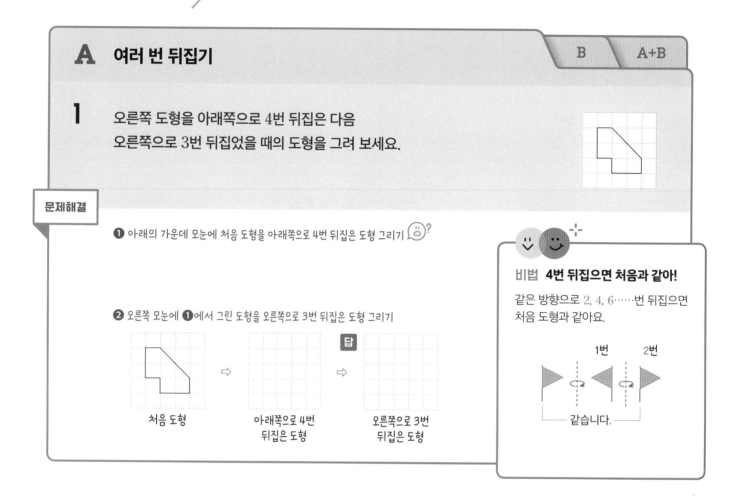

❶ 아래의 가운데 모눈에 처음 도형을 아래쪽으로 4번 뒤집은 도형 그리기

❷ 오른쪽 모눈에 ❶에서 그린 도형을 오른쪽으로 3번 뒤집은 도형 그리기

처음 도형 ⇨ 아래쪽으로 4번 뒤집은 도형 ⇨ 오른쪽으로 3번 뒤집은 도형

비법 4번 뒤집으면 처음과 같아!

같은 방향으로 2, 4, 6……번 뒤집으면 처음 도형과 같아요.

1번   2번

같습니다.

2 도형을 왼쪽으로 6번 뒤집은 다음 위쪽으로 7번 뒤집었을 때의 도형을 그려 보세요.

처음 도형 ⇨ …… ⇨ 움직인 도형

3 도형을 위쪽으로 5번 뒤집은 다음 오른쪽으로 9번 뒤집었을 때의 도형을 그려 보세요.

처음 도형 ⇨ …… ⇨ 움직인 도형

우리 함께 열심히 해 보자!

| A | **B** 여러 번 돌리기 | A+B |

4 오른쪽 도형을 시계 방향으로 90°만큼 돌리고
시계 반대 방향으로 270°만큼 돌렸을 때의 도형을 그려 보세요.

문제해결

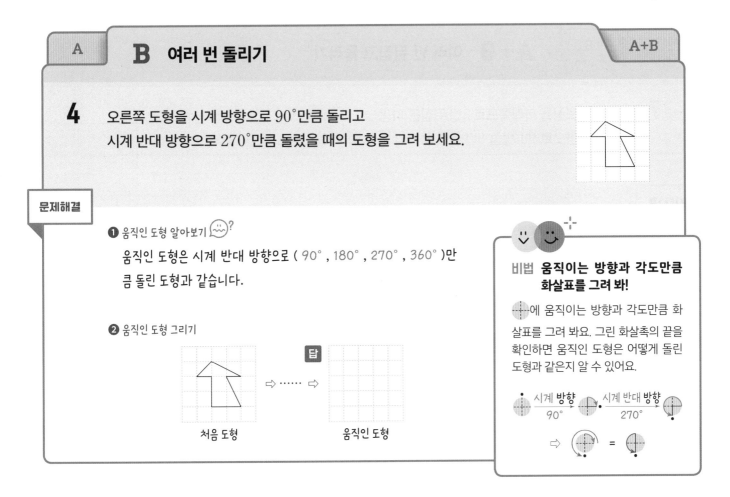

❶ 움직인 도형 알아보기

움직인 도형은 시계 반대 방향으로 (90° , 180° , 270° , 360°)만큼 돌린 도형과 같습니다.

❷ 움직인 도형 그리기

답

처음 도형 ⇨ …… ⇨ 움직인 도형

비법 움직이는 방향과 각도만큼 화살표를 그려 봐!

✛에 움직이는 방향과 각도만큼 화살표를 그려 봐요. 그린 화살촉의 끝을 확인하면 움직인 도형은 어떻게 돌린 도형과 같은지 알 수 있어요.

시계 **방향** 90° → 시계 반대 **방향** 270°

⇨ =

5 도형을 시계 방향으로 180°만큼 돌리고 시계 반대 방향으로 90°만큼 돌렸을 때의 도형을 그려 보세요.

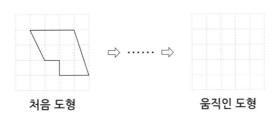

처음 도형 ⇨ …… ⇨ 움직인 도형

6 도형을 시계 반대 방향으로 270°만큼 돌리고 시계 방향으로 180°만큼 돌렸을 때의 도형을 그려 보세요.

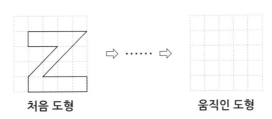

처음 도형 ⇨ …… ⇨ 움직인 도형

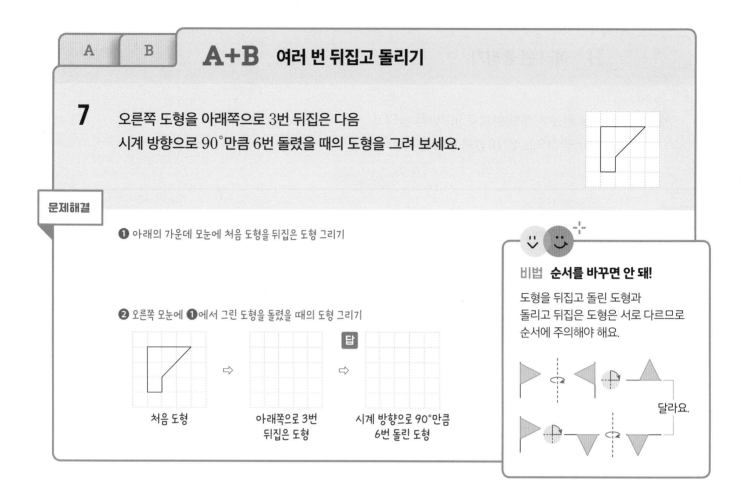

A+B 여러 번 뒤집고 돌리기

7 오른쪽 도형을 아래쪽으로 3번 뒤집은 다음
시계 방향으로 90°만큼 6번 돌렸을 때의 도형을 그려 보세요.

문제해결

❶ 아래의 가운데 모눈에 처음 도형을 뒤집은 도형 그리기

❷ 오른쪽 모눈에 ❶에서 그린 도형을 돌렸을 때의 도형 그리기

처음 도형 ⇨ 아래쪽으로 3번
뒤집은 도형 ⇨ **답** 시계 방향으로 90°만큼
6번 돌린 도형

비법 **순서를 바꾸면 안 돼!**

도형을 뒤집고 돌린 도형과
돌리고 뒤집은 도형은 서로 다르므로
순서에 주의해야 해요.

달라요.

8 도형을 왼쪽으로 5번 뒤집은 다음 시계 반대 방향으로 90°만큼 9번 돌렸을 때의 도형을 그려 보
세요.

처음 도형 ⇨ …… ⇨ 움직인 도형

9 도형을 시계 방향으로 180°만큼 3번 돌린 다음 오른쪽으로 7번 뒤집었을 때의 도형을 그려 보세요.

처음 도형 ⇨ …… ⇨ 움직인 도형

움직이기 전 도형

A 움직이기 전 도형 그리기

A+

1 어떤 도형을 오른쪽으로 뒤집고 시계 반대 방향으로 180°만큼 돌렸더니 오른쪽 도형이 되었습니다.
처음에 어떤 도형이었는지 그려 보세요.

문제해결

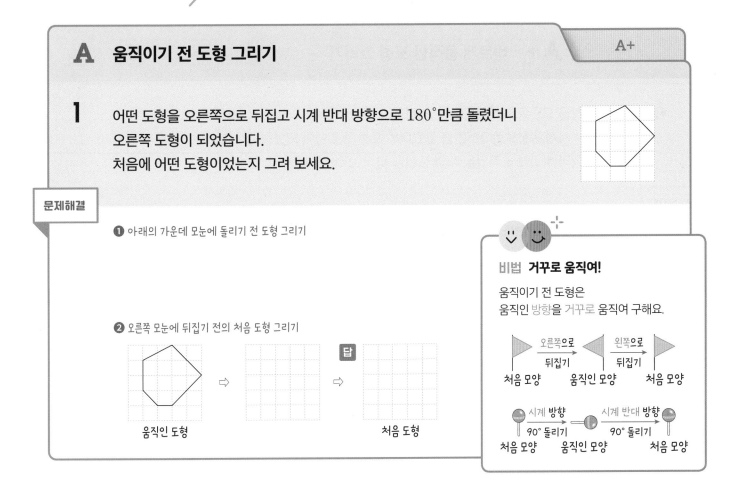

❶ 아래의 가운데 모눈에 돌리기 전 도형 그리기

❷ 오른쪽 모눈에 뒤집기 전의 처음 도형 그리기

움직인 도형 ⇒ 답 ⇒ 처음 도형

비법 거꾸로 움직여!

움직이기 전 도형은
움직인 방향을 거꾸로 움직여 구해요.

오른쪽으로 뒤집기: 처음 모양 → 움직인 모양
왼쪽으로 뒤집기: 움직인 모양 → 처음 모양

시계 방향 90° 돌리기: 처음 모양 → 움직인 모양
시계 반대 방향 90° 돌리기: 움직인 모양 → 처음 모양

2 어떤 도형을 위쪽으로 뒤집고 시계 방향으로 90°만큼 돌렸더니 오른쪽 도형이 되었습니다. 처음에 어떤 도형이었는지 그려 보세요.

처음 도형　　　움직인 도형

3 어떤 도형을 시계 방향으로 270°만큼 돌리고 왼쪽으로 3번 뒤집었더니 오른쪽 도형이 되었습니다. 처음에 어떤 도형이었는지 그려 보세요.

처음 도형　　　움직인 도형

A A+ 바르게 움직인 도형 그리기

4 어떤 도형을 오른쪽으로 뒤집어야 할 것을
잘못하여 시계 방향으로 90°만큼 돌렸더니 오른쪽 도형이 되었습니다.
처음 도형과 바르게 움직였을 때의 도형을 각각 그려 보세요.

문제해결

❶ 아래의 가운데 모눈에 처음 도형 그리기

❷ 오른쪽 모눈에 ❶에서 그린 도형을 움직여 바르게 움직인 도형 그리기

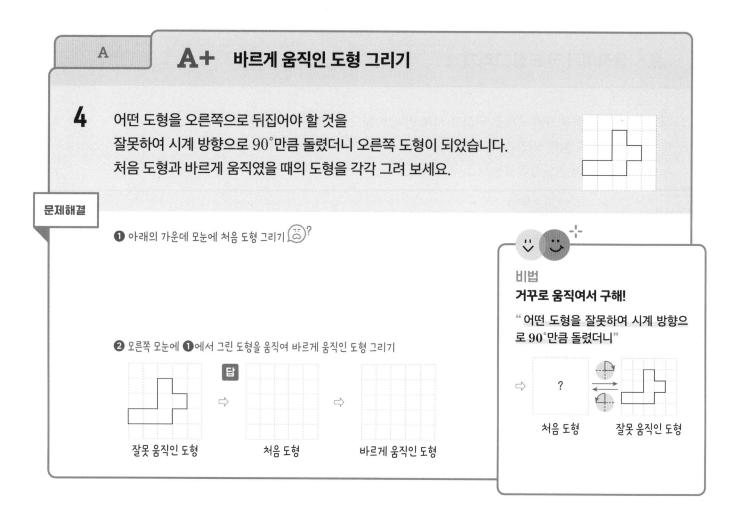

잘못 움직인 도형 ⇒ 처음 도형 ⇒ 바르게 움직인 도형

비법
거꾸로 움직여서 구해!
" 어떤 도형을 잘못하여 시계 방향으로 90°만큼 돌렸더니"

처음 도형   잘못 움직인 도형

5 어떤 도형을 아래쪽으로 뒤집어야 할 것을 잘못하여 시계 반대 방향으로 180°만큼 돌렸더니 가운데 도형이 되었습니다. 처음 도형과 바르게 움직였을 때의 도형을 각각 그려 보세요.

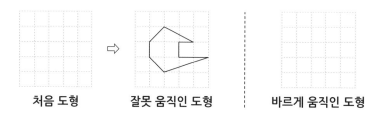

처음 도형   잘못 움직인 도형   바르게 움직인 도형

6 어떤 도형을 시계 방향으로 270°만큼 돌려야 할 것을 잘못하여 위쪽으로 뒤집었더니 가운데 도형이 되었습니다. 처음 도형과 바르게 움직였을 때의 도형을 각각 그려 보세요.

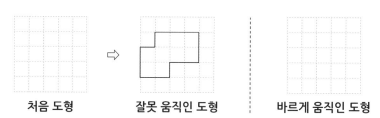

처음 도형   잘못 움직인 도형   바르게 움직인 도형

수 카드 움직이기

A 수 움직이기

1 투명한 수 카드입니다.
아래쪽으로 뒤집었을 때 숫자가 되는 카드의 수를 모두 쓰세요.

문제해결

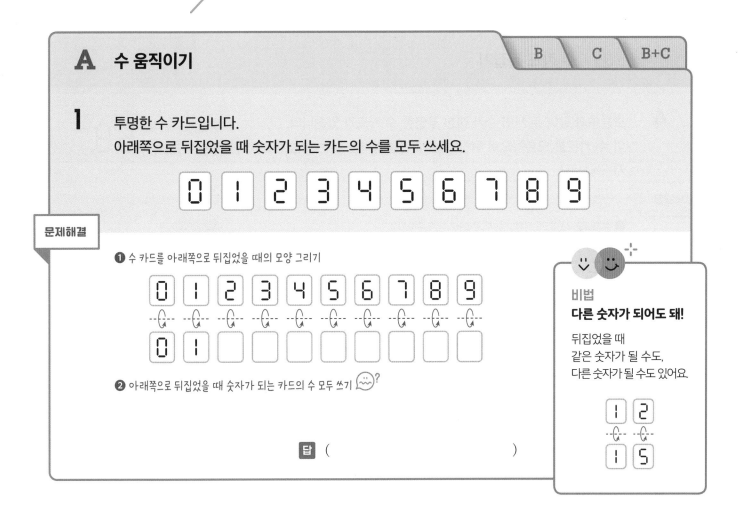

① 수 카드를 아래쪽으로 뒤집었을 때의 모양 그리기

② 아래쪽으로 뒤집었을 때 숫자가 되는 카드의 수 모두 쓰기

답 (   )

비법

다른 숫자가 되어도 돼!

뒤집었을 때
같은 숫자가 될 수도,
다른 숫자가 될 수도 있어요

2 투명한 수 카드입니다. 오른쪽으로 뒤집었을 때 숫자가 되는 카드의 수를 모두 쓰세요.

(   )

3 수 카드 중 시계 방향으로 $180°$만큼 돌렸을 때 숫자가 되는 카드의 수를 모두 쓰세요.

(   )

A | **B** 수 카드 뒤집기 | C | B+C

4 오른쪽과 같이 두 자리 수가 적힌 투명한 수 카드가 있습니다.
이 수 카드를 오른쪽으로 뒤집었을 때 만들어지는 수는 처음 수보다 얼마나 더 큰
지 구하세요.

58

문제해결

❶ 수 카드를 오른쪽으로 뒤집었을 때 만들어지는 수 구하기 ☺?

58 ⟳ [   ]

❷ ❶에서 구한 수는 처음 수보다 얼마나 더 큰지 구하기

답 (   )

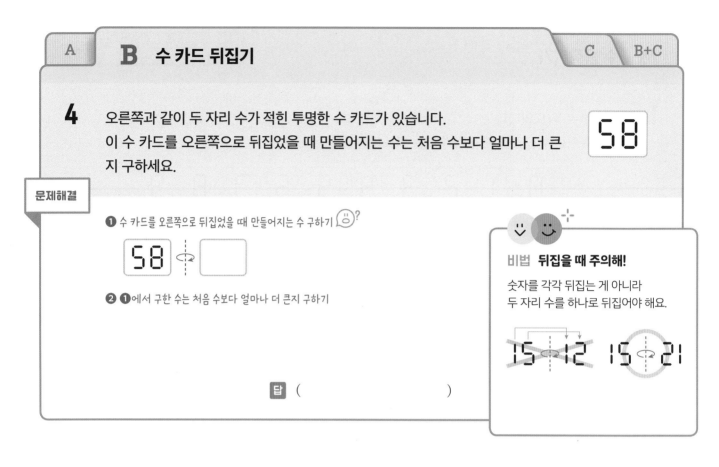

비법 **뒤집을 때 주의해!**

숫자를 각각 뒤집는 게 아니라
두 자리 수를 하나로 뒤집어야 해요.

~~15 ⟳ 12~~   15 ⟳ 21

5 오른쪽과 같이 두 자리 수가 적힌 투명한 수 카드가 있습니다. 이 수 카드를 왼쪽
으로 뒤집었을 때 만들어지는 수와 처음 수의 차를 구하세요.

12

(   )

6 오른쪽과 같이 세 자리 수가 적힌 투명한 수 카드가 있습니다. 이 수 카드를
위쪽으로 뒤집었을 때 만들어지는 수와 처음 수의 합을 구하세요.

351

(   )

A	B	**C 수 카드 돌리기**	B+C

7 오른쪽과 같이 두 자리 수가 적힌 수 카드가 있습니다.
이 수 카드를 시계 반대 방향으로 180°만큼 돌렸을 때 만들어지는 수와 처음 수의
합을 구하세요.

81

문제해결

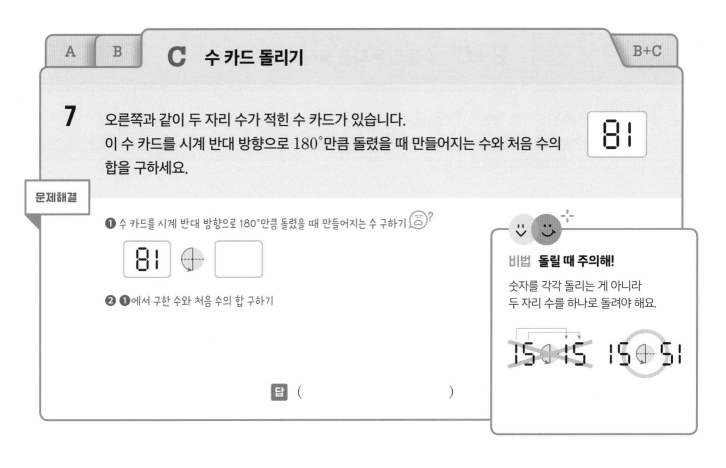

❶ 수 카드를 시계 반대 방향으로 180°만큼 돌렸을 때 만들어지는 수 구하기

81 ◐ ☐

❷ ❶에서 구한 수와 처음 수의 합 구하기

비법 돌릴 때 주의해!

숫자를 각각 돌리는 게 아니라
두 자리 수를 하나로 돌려야 해요.

답 ( )

8 오른쪽과 같이 두 자리 수가 적힌 수 카드가 있습니다. 이 수 카드를 시계 방향으로 180°만큼 돌렸을 때 만들어지는 수와 처음 수의 차를 구하세요.

65

( )

9 오른쪽과 같이 세 자리 수가 적힌 수 카드가 있습니다. 이 수 카드를 시계 반대 방향으로 180°만큼 돌렸을 때 만들어지는 수는 처음 수보다 얼마나 더 작은지 구하세요.

902

( )

A B C   B+C   수를 만든 다음 움직이기

10 투명한 수 카드 4장 중에서 3장을 뽑아 한 번씩만 사용하여
가장 큰 세 자리 수를 만든 다음 오른쪽으로 뒤집었습니다.
어떤 수가 만들어지는지 구하세요.

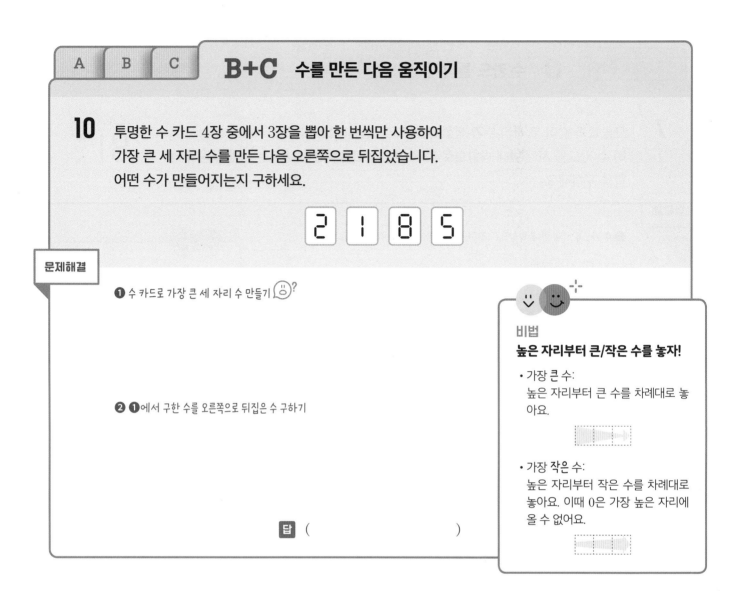

$\boxed{2}$ $\boxed{1}$ $\boxed{8}$ $\boxed{5}$

문제해결

❶ 수 카드로 가장 큰 세 자리 수 만들기 ☹?

❷ ❶에서 구한 수를 오른쪽으로 뒤집은 수 구하기

답 (   )

비법
높은 자리부터 큰/작은 수를 놓자!

• 가장 **큰 수:**
  높은 자리부터 큰 수를 차례대로 놓아요.

• 가장 **작은 수:**
  높은 자리부터 작은 수를 차례대로 놓아요. 이때 0은 가장 높은 자리에 올 수 없어요.

11 투명한 수 카드 4장 중에서 3장을 뽑아 한 번씩만 사용하여 가장 작은 세 자리 수를 만든 다음 아래쪽으로 뒤집었습니다. 어떤 수가 만들어지는지 구하세요.

$\boxed{3}$ $\boxed{2}$ $\boxed{0}$ $\boxed{1}$

(   )

12 수 카드 4장 중에서 3장을 뽑아 한 번씩만 사용하여 가장 큰 세 자리 수를 만든 다음 시계 방향으로 180°만큼 돌렸습니다. 어떤 수가 만들어지는지 구하세요.

$\boxed{1}$ $\boxed{8}$ $\boxed{9}$ $\boxed{5}$

(   )

움직인 방법 설명하기

A 도형을 움직인 방법 설명하기 A+

1 처음 도형을 위쪽으로 뒤집고 어떻게 돌리면 움직인 도형이 되는지 설명하세요.

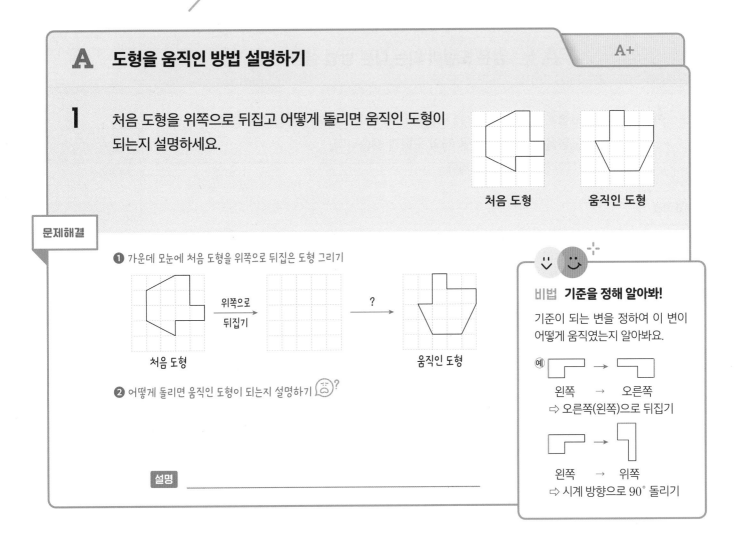

처음 도형   움직인 도형

문제해결

❶ 가운데 모눈에 처음 도형을 위쪽으로 뒤집은 도형 그리기

처음 도형 → 위쪽으로 뒤집기 → ? → 움직인 도형

❷ 어떻게 돌리면 움직인 도형이 되는지 설명하기

비법 **기준을 정해 알아봐!**

기준이 되는 변을 정하여 이 변이 어떻게 움직였는지 알아봐요.

(예) 왼쪽 → 오른쪽
⇨ 오른쪽(왼쪽)으로 뒤집기

왼쪽 → 위쪽
⇨ 시계 방향으로 90° 돌리기

설명 _____

2 처음 모양을 시계 방향으로 180°만큼 돌리고 어떻게 뒤집으면 움직인 모양이 되는지 설명하세요.

처음 모양   움직인 모양

설명 _____

3 처음 도형을 뒤집고 돌렸을 때의 도형이 오른쪽과 같습니다. 움직인 방법을 설명하세요.

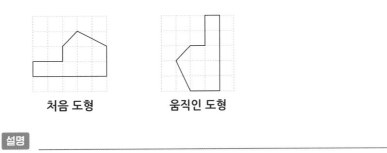

처음 도형   움직인 도형

설명 _____

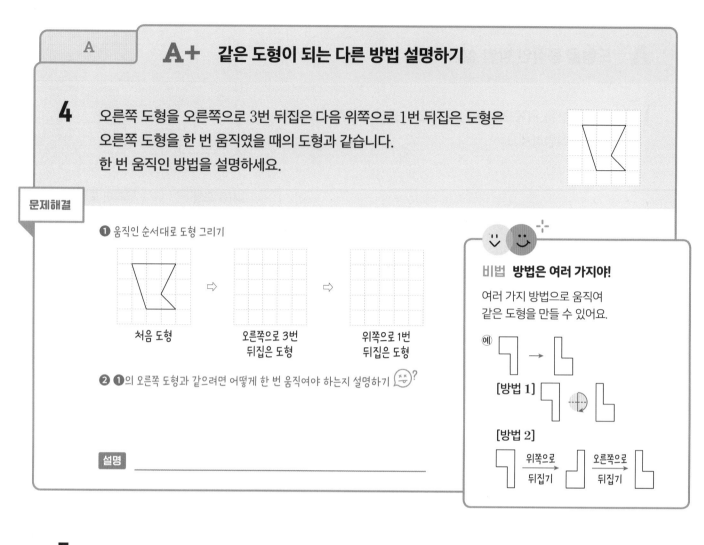

A

A+ 같은 도형이 되는 다른 방법 설명하기

4 오른쪽 도형을 오른쪽으로 3번 뒤집은 다음 위쪽으로 1번 뒤집은 도형은
오른쪽 도형을 한 번 움직였을 때의 도형과 같습니다.
한 번 움직인 방법을 설명하세요.

문제해결

❶ 움직인 순서대로 도형 그리기

처음 도형 ⇨ 오른쪽으로 3번
뒤집은 도형 ⇨ 위쪽으로 1번
뒤집은 도형

❷ ❶의 오른쪽 도형과 같으려면 어떻게 한 번 움직여야 하는지 설명하기?

설명 _____

비법 **방법은 여러 가지야!**

여러 가지 방법으로 움직여
같은 도형을 만들 수 있어요.

(예)

[방법 1]

[방법 2]

위쪽으로
뒤집기   오른쪽으로
뒤집기

5 오른쪽 도형을 아래쪽으로 5번 뒤집은 다음 왼쪽으로 3번 뒤집은 도형은 오른쪽
도형을 한 번 움직였을 때의 도형과 같습니다. 한 번 움직인 방법을 설명하세요.

설명 _____

6 오른쪽 모양을 왼쪽으로 7번 뒤집은 다음 시계 반대 방향으로 90°만큼 2번 돌린
모양은 오른쪽 모양을 한 번 움직였을 때의 모양과 같습니다. 한 번 움직인 방법을
설명하세요.

설명 _____

규칙 찾기

A 규칙을 찾아 도형 그리기

A+

1 규칙에 따라 도형을 뒤집은 것입니다.
㉠에 알맞은 도형을 그려 보세요.

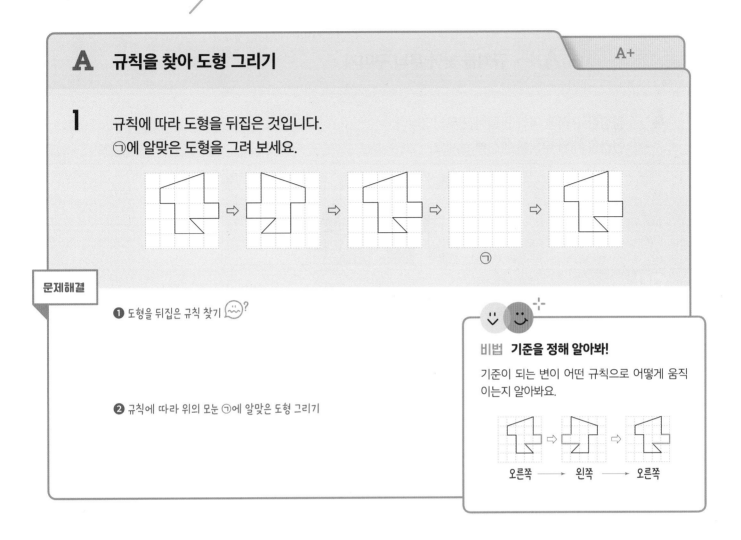

㉠

문제해결

❶ 도형을 뒤집은 규칙 찾기 :~?

❷ 규칙에 따라 위의 모눈 ㉠에 알맞은 도형 그리기

비법 기준을 정해 알아봐!

기준이 되는 변이 어떤 규칙으로 어떻게 움직이는지 알아봐요.

오른쪽 ⟶ 왼쪽 ⟶ 오른쪽

2 규칙에 따라 도형을 돌린 것입니다. 빈 곳에 알맞은 도형을 그려 보세요.

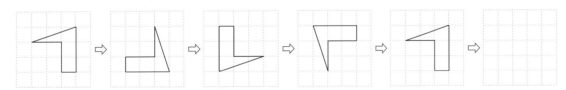

3 규칙에 따라 모양을 움직인 것입니다. 빈 곳에 알맞은 모양을 그려 보세요.

A   A+ 규칙을 찾아 무늬 꾸미기

4 일정한 규칙에 따라 만들어진 무늬입니다.
빈칸을 채워 무늬를 완성해 보세요.

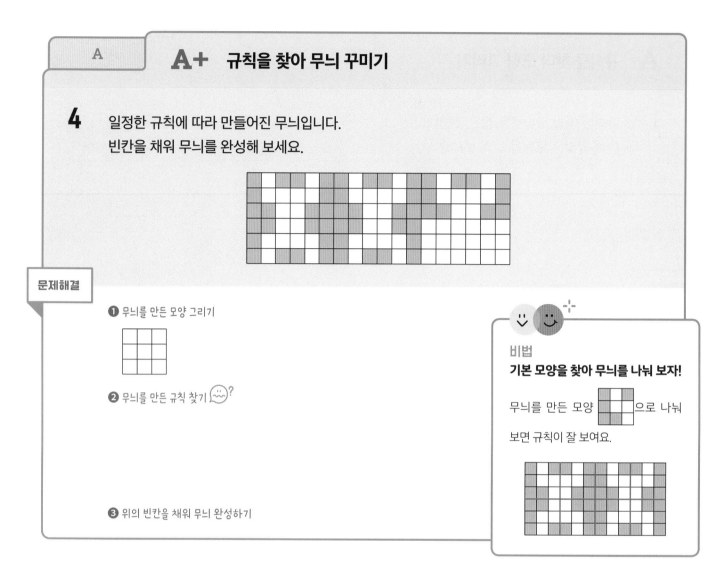

문제해결

❶ 무늬를 만든 모양 그리기

❷ 무늬를 만든 규칙 찾기 👻?

비법
기본 모양을 찾아 무늬를 나눠 보자!

무늬를 만든 모양 🔲 으로 나눠

보면 규칙이 잘 보여요.

❸ 위의 빈칸을 채워 무늬 완성하기

5 오른쪽은 일정한 규칙에 따라 만들어진 무늬입니다.
빈칸을 채워 무늬를 완성해 보세요.

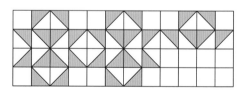

6 오른쪽은 일정한 규칙에 따라 만들어진 무늬
입니다. 빈칸을 채워 무늬를 완성해 보세요.

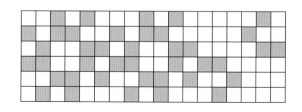

01 도형을 위쪽으로 7번 뒤집은 다음 오른쪽으로 밀었을 때의 도형을 그려 보세요.

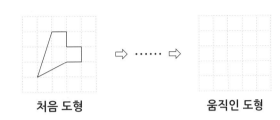

처음 도형   움직인 도형

02 자음 카드 중 시계 방향으로 180°만큼 돌렸을 때 자음이 되는 카드의 자음을 모두 쓰세요.

🔗 유형 03 Ⓐ

ㄱ ㄴ ㄷ ㄹ ㅁ ㅂ ㅅ ㅇ ㅋ ㅌ

(   )

03 도형을 시계 방향으로 270°만큼 돌리고 시계 반대 방향으로 180°만큼 돌렸을 때의 도형을 그려 보세요.

🔗 유형 01 Ⓑ

처음 도형   움직인 도형

04

유형 01 A+B

도형을 위쪽으로 3번 뒤집은 다음 시계 방향으로 90°만큼 7번 돌렸을 때의 도형을 그려 보세요.

처음 도형   움직인 도형

05

유형 02 A

어떤 도형을 시계 반대 방향으로 90°만큼 돌리고 오른쪽으로 5번 뒤집었더니 오른쪽 도형이 되었습니다. 처음에 어떤 도형이었는지 그려 보세요.

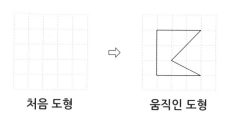

처음 도형   움직인 도형

06

유형 05 A+

오른쪽은 일정한 규칙에 따라 만들어진 무늬입니다. 빈칸을 채워 무늬를 완성해 보세요.

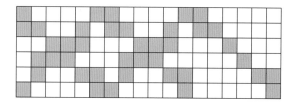

07 [보기] 와 같은 규칙으로 수 카드를 움직였을 때의 모양을 빈칸에 알맞게 그려 보세요.

08 규칙에 따라 도형을 돌린 것입니다. 17째에 알맞은 도형을 그려 보세요.

유형 05 Ⓐ

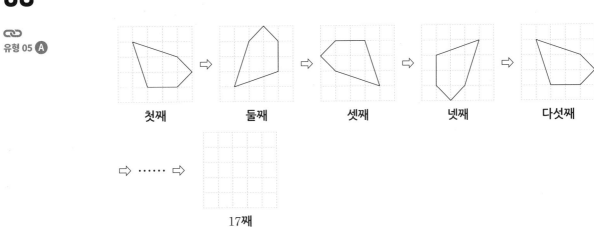

첫째   둘째   셋째   넷째   다섯째

⇨ ······ ⇨

17째

09 승욱이가 철봉에 거꾸로 매달리기를 시작했을 때 벽에 걸려 있는 시계를 보았더니 다음과 같았습니다. 승욱이가 철봉에 8분 동안 매달려 있었다면 승욱이가 철봉에서 내려온 시각은 몇 시 몇 분인지 구하세요.

(   )

막대그래프

학습기록표

유형 01	학습일
	학습평가

막대의 길이 비교

A	수량 가장 많은
B	점수 가장 높은

유형 02	학습일
	학습평가

두 막대그래프

A	조건에 맞는 항목
B	차가 가장 큰 항목

유형 03	학습일
	학습평가

눈금 한 칸의 크기를 모르는 경우

A	항목 수량 알 때
A+	전체 수량 알 때

유형 04	학습일
	학습평가

항목 사이의 관계 이용하기

A	관계 이용
B	두 관계 이용

유형 05	학습일
	학습평가

전체 수량 이용하기

A	한 그래프
B	두 자료 그래프
A+	모르는 수량 □라 할 때

유형 06	학습일
	학습평가

표와 막대그래프 완성하기

A	표와 그래프 완성
A+	눈금 한 칸 구해 완성

유형 마스터	학습일
	학습평가

막대그래프

막대의 길이 비교

A 수량이 가장 많은 항목과 가장 적은 항목의 차 구하기

B

1 오른쪽은 가은이와 친구들이 좋아하는 운동을 조사하여 나타낸 막대그래프입니다.
좋아하는 학생이 가장 많은 운동과 가장 적은 운동의 학생 수의 차는 몇 명인지 구하세요.

좋아하는 운동별 학생 수

(명) / 10 / 0 / 학생 수 / 운동 / 축구 / 야구 / 배구 / 발야구

문제해결

❶ 세로 눈금 한 칸은 몇 명을 나타내는지 구하기

❷ 좋아하는 학생이 가장 많은 운동과 가장 적은 운동의 학생 수 각각 구하기

비법 막대의 길이를 비교해!

막대의 길이는 학생 수를 나타내므로 막대의 길이가 길수록 학생 수가 많아요.

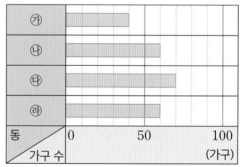

길이가 가장 길므로   가장 짧으므로
학생이 가장 많아요.   가장 적어요.

❸ ❷에서 구한 두 학생 수의 차 구하기

답 (   )

2 오른쪽은 동별 살고 있는 가구 수를 조사하여 나타낸 막대그래프입니다. 살고 있는 가구가 가장 많은 동과 가장 적은 동의 가구 수의 차는 몇 가구인지 구하세요.

(   )

동별 살고 있는 가구 수

㉮ / ㉯ / ㉰ / ㉱ / 동 / 가구 수 / 0 / 50 / 100 / (가구)

3 오른쪽은 성화네 학교 학생들이 여행 가고 싶은 나라를 조사하여 나타낸 막대그래프입니다. 가고 싶은 학생이 가장 많은 나라는 가장 적은 나라보다 학생 수가 몇 명 더 많은지 구하세요.

(   )

여행 가고 싶은 나라별 학생 수

(명) / 200 / 100 / 0 / 학생 수 / 나라 / 미국 / 영국 / 태국 / 프랑스

B 점수가 가장 높은/낮은 사람의 점수 구하기

A

4 오른쪽은 소희네 모둠 친구들이
각각 고리를 30개씩 던졌을 때 들어간 고리의 수를
조사하여 나타낸 막대그래프입니다.
들어간 고리 한 개당 3점을 얻을 때
점수가 가장 높은 사람의 점수는 몇 점인지 구하세요.

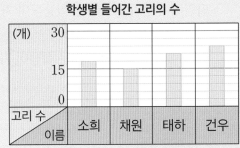

학생별 들어간 고리의 수

문제해결

❶ 세로 눈금 한 칸은 몇 개를 나타내는지 구하기

❷ 점수가 가장 높은 사람 구하기

❸ 점수가 가장 높은 사람의 점수 구하기

답 (   )

비법

들어간 고리가 가장 많은 사람을 찾아!

" 들어간 고리 한 개당 3점을 얻을 때 "

⇨ 들어간 고리가 많을수록 점수가 높아져요.

5 오른쪽은 지훈이네 모둠 친구들이 수학 시험에서
맞힌 문제 수를 조사하여 나타낸 막대그래프입니다. 한 문제당 5점일 때 점수가 가장 낮은 사람의
점수는 몇 점인지 구하세요.

(   )

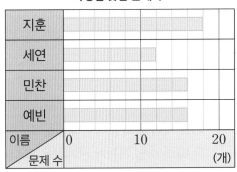

학생별 맞힌 문제 수

6 오른쪽은 승현이네 모둠 친구들이 각각 공을 10개
씩 던졌을 때 골대에 넣은 공의 수를 조사하여 나타
낸 막대그래프입니다. 공을 한 개 넣을 때마다 4점
을 얻고, 넣지 못할 때마다 2점을 잃습니다. 점수가
가장 높은 사람의 점수는 몇 점인지 구하세요.

(   )

학생별 넣은 공의 수

두 막대그래프

A 조건에 맞는 항목의 수량 구하기

B

1 다연이네 반과 승호네 반 학생들이 가고 싶어 하는 박물관을 각각 조사하여 나타낸 막대그래프입니다.

다연이네 반에서 가장 많은 학생이 가고 싶어 하는 박물관을 승호네 반에서는 몇 명이 가고 싶어 하는지 구하세요.

다연이네 반

박물관 \ 학생 수	0	10	20 (명)
과자 박물관			
항공 박물관			
역사 박물관			
곤충 박물관			

승호네 반

박물관 \ 학생 수	0	10	20 (명)
과자 박물관			
항공 박물관			
역사 박물관			
곤충 박물관			

문제해결

❶ 다연이네 반에서 가장 많은 학생이 가고 싶어 하는 박물관 구하기

❷ 승호네 반 막대그래프에서 가로 눈금 한 칸은 몇 명을 나타내는지 구하기

❸ 승호네 반에서 ❶에서 구한 박물관을 가고 싶어 하는 학생 수 구하기

답 (   )

2 어느 지역의 자동차 판매량을 조사하여 나타낸 막대그래프입니다. 국산 자동차 판매량이 가장 적은 때의 수입 자동차 판매량은 몇 대인지 구하세요.

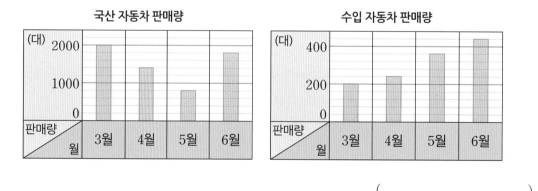

(   )

넌 정말 대단해. 오늘도 파이팅!

A

B 차가 가장 큰 항목의 수량 구하기

3 오른쪽은 재준이네 학교 학생들이 좋아하는 꽃을 조사하여 나타낸 막대그래프입니다.
남학생 수와 여학생 수의 차가 가장 큰 꽃은 무엇이고, 그때의 차는 몇 명인지 구하세요.

좋아하는 꽃별 학생 수

문제해결

❶ 세로 눈금 한 칸은 몇 명을 나타내는지 구하기

❷ 남학생 수와 여학생 수의 차가 가장 큰 꽃 구하기

❸ ❷에서 구한 꽃을 좋아하는 남학생 수와 여학생 수의 차 구하기

답 (,   )

비법 두 막대의 길이의 차를 비교해!

막대의 길이는 각각 남학생 수, 여학생 수를 나타내므로 두 막대의 길이의 차가 클수록 남학생 수와 여학생 수의 차가 커요.

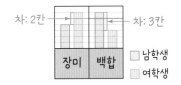

차: 2칸   차: 3칸

장미 백합

⇨ 남학생 수와 여학생 수의 차가 더 큰 꽃: 백합

4 오른쪽은 목장별 기르고 있는 가축 수를 조사하여 나타낸 막대그래프입니다. 소의 수와 닭의 수의 차가 가장 작은 목장은 어디이고, 그때의 차는 몇 마리인지 구하세요.

(,   )

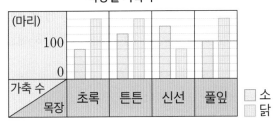

목장별 가축 수

5 오른쪽은 요일별 미술관을 방문한 관람객 수를 조사하여 나타낸 막대그래프입니다. 남자 관람객 수와 여자 관람객 수의 차가 가장 클 때의 관람객은 모두 몇 명인지 구하세요.

(   )

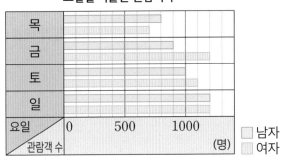

요일별 미술관 관람객 수

5. 막대그래프 **109**

눈금 한 칸의 크기를 모르는 경우

A 한 항목의 수량을 알 때 다른 항목의 수량 구하기 A+

1 오른쪽은 선희네 학교 학생들이 존경하는 위인을 조사하여 나타낸 막대그래프입니다.
유관순을 존경하는 학생이 10명일 때 가장 적은 학생이 존경하는 위인의 학생 수는 몇 명인지 구하세요.

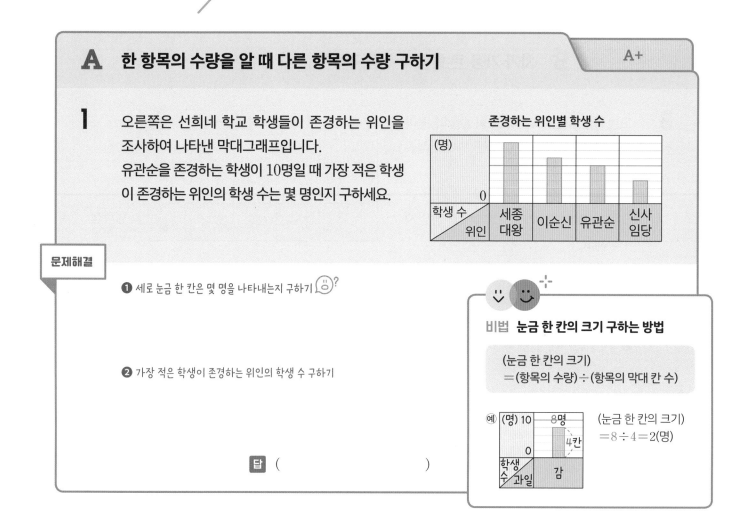

존경하는 위인별 학생 수
(명)

학생 수 \ 위인	세종대왕	이순신	유관순	신사임당

문제해결

❶ 세로 눈금 한 칸은 몇 명을 나타내는지 구하기 😊?

❷ 가장 적은 학생이 존경하는 위인의 학생 수 구하기

비법 눈금 한 칸의 크기 구하는 방법

(눈금 한 칸의 크기)
=(항목의 수량)÷(항목의 막대 칸 수)

예 (명) 10   8명
     0   4칸
학생 수 \ 과일   감

(눈금 한 칸의 크기)
=8÷4=2(명)

답 (   )

2 오른쪽은 여준이네 학교 학생들이 좋아하는 과목을 조사하여 나타낸 막대그래프입니다. 수학을 좋아하는 학생이 40명이라면 가장 많은 학생이 좋아하는 과목의 학생 수는 몇 명인지 구하세요.

(   )

좋아하는 과목별 학생 수
(명)

학생 수 \ 과목	국어	수학	음악	체육

3 오른쪽은 네 마을의 쓰레기 배출량을 조사하여 나타낸 막대그래프입니다. ㉰ 마을의 쓰레기 배출량이 600 kg이라면 네 마을의 쓰레기 배출량은 모두 몇 kg인지 구하세요.

(   )

마을별 쓰레기 배출량

마을 \ 배출량	0 (kg)
㉮	
㉯	
㉰	
㉱	

A+ 전체 수량을 알 때 항목의 수량 구하기

A

4 오른쪽은 어느 가게에서 하루 동안 팔린 음식을 조사하여 나타낸 막대그래프입니다.
하루 동안 팔린 음식이 360그릇이라면 탕수육은 몇 그릇 팔렸는지 구하세요.

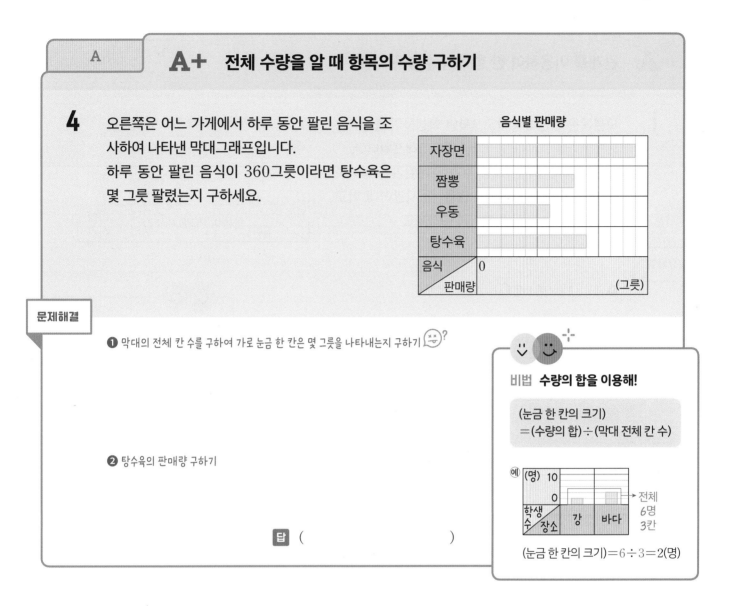

음식별 판매량

문제해결

❶ 막대의 전체 칸 수를 구하여 가로 눈금 한 칸은 몇 그릇을 나타내는지 구하기

❷ 탕수육의 판매량 구하기

답 (   )

비법 수량의 합을 이용해!

(눈금 한 칸의 크기)
=(수량의 합)÷(막대 전체 칸 수)

예 (명) 10
0
학생 수 / 장소   강   바다
전체 6명 3칸

(눈금 한 칸의 크기)=6÷3=2(명)

5 오른쪽은 민석이네 학교 4학년 학생 100명의 혈액형을 조사하여 나타낸 막대그래프입니다. O형인 학생은 몇 명인지 구하세요.

혈액형별 학생 수
(명)
학생 수 / 혈액형   A형   B형   O형   AB형

(   )

6 오른쪽은 도하네 학교 학생 520명이 받고 싶은 선물을 조사하여 나타낸 막대그래프입니다. 가장 많은 학생이 받고 싶은 선물의 학생 수는 몇 명인지 구하세요.

받고 싶은 선물별 학생 수
(명)
학생 수 / 선물   책   학용품   옷   휴대전화

(   )

항목 사이의 관계 이용하기

A 관계를 이용하여 한 항목의 수량 구하기

B

1 오른쪽은 지안이네 학교 4학년 학생들이 좋아하는 민속놀이를 조사하여 나타낸 막대그래프입니다. 윷놀이를 좋아하는 학생 수가 그네뛰기를 좋아하는 학생 수보다 20명 더 많을 때 지안이네 학교 4학년 학생은 모두 몇 명인지 구하세요.

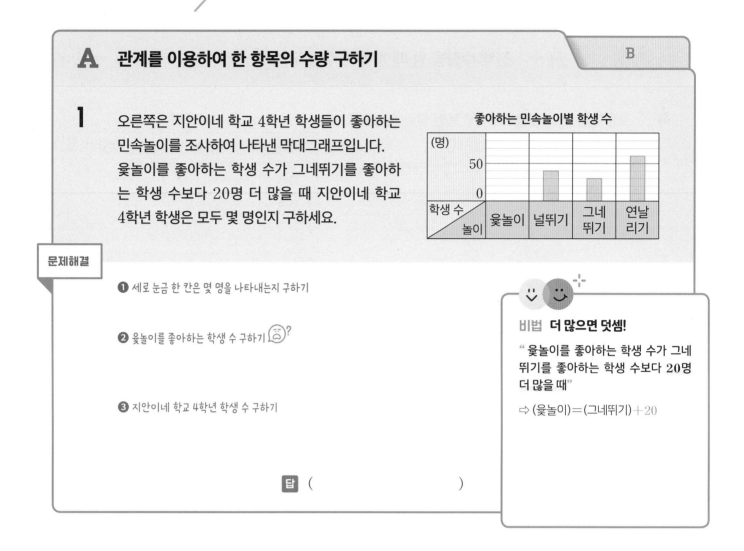

좋아하는 민속놀이별 학생 수

문제해결

❶ 세로 눈금 한 칸은 몇 명을 나타내는지 구하기

❷ 윷놀이를 좋아하는 학생 수 구하기

❸ 지안이네 학교 4학년 학생 수 구하기

비법 더 많으면 덧셈!

" 윷놀이를 좋아하는 학생 수가 그네뛰기를 좋아하는 학생 수보다 20명 더 많을 때"

⇨ (윷놀이)=(그네뛰기)+20

답 (   )

2 오른쪽은 어느 문구점에 있는 학용품을 조사하여 나타낸 막대그래프의 일부분입니다. 자는 가위보다 10개 더 적게 있을 때 문구점에 있는 학용품은 모두 몇 개인지 구하세요.

(   )

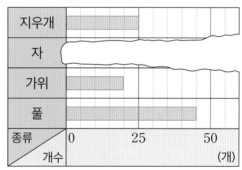

종류별 학용품 수

3 오른쪽은 선우네 학교 학생들이 가고 싶은 도시를 조사하여 나타낸 막대그래프입니다. 전주에 가고 싶은 학생 수가 광주에 가고 싶은 학생 수의 3배일 때 전주에 가고 싶은 학생 수와 대구에 가고 싶은 학생 수의 차는 몇 명인지 구하세요.

(   )

가고 싶은 도시별 학생 수

| A | **B 두 관계를 이용하여 두 항목의 수량 구하기** |

4 오른쪽은 농장별 쌀 생산량을 조사하여 나타낸 막대그래프입니다.
㉰ 농장의 쌀 생산량은 ㉯ 농장의 쌀 생산량보다 300 kg 더 적고, ㉮ 농장의 쌀 생산량은 ㉰ 농장의 쌀 생산량의 2배입니다.
막대그래프를 완성하세요.

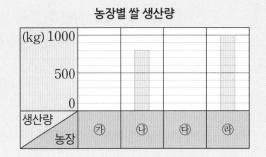

농장별 쌀 생산량

문제해결

❶ 세로 눈금 한 칸은 몇 kg을 나타내는지 구하기

❷ ㉮ 농장과 ㉰ 농장의 쌀 생산량 각각 구하기

❸ 막대그래프 완성하기

비법 ㉰ 농장을 먼저 구해야 해!

㉮, ㉰ 농장 순서대로가 아니라 알 수 있는 것부터 먼저 구해야 해요.

" ㉰ 농장의 쌀 생산량은 ㉯ 농장의 쌀 생산량보다 **300 kg 더 적고**"

⇨ (㉰ 농장)=(㉯ 농장)−300
막대그래프에 주어져 있어요.

5 오른쪽은 하윤이네 학교 4학년 학생들이 배우고 싶은 악기를 조사하여 나타낸 막대그래프입니다. 피아노를 배우고 싶은 학생 수는 거문고를 배우고 싶은 학생 수보다 12명 더 많고, 드럼을 배우고 싶은 학생 수는 피아노를 배우고 싶은 학생 수보다 2명 더 적습니다. 막대그래프를 완성하세요.

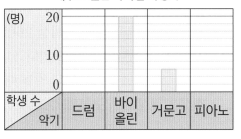

배우고 싶은 악기별 학생 수

6 오른쪽은 마을별 학생 수를 조사하여 나타낸 막대그래프입니다. 다음을 모두 만족하도록 막대그래프를 완성하세요.

- ㉰ 마을의 학생 수는 ㉮ 마을의 학생 수의 2배입니다.
- ㉯ 마을의 학생 수는 ㉮ 마을의 학생 수보다 8명 더 많습니다.

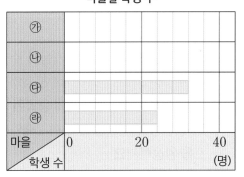

마을별 학생 수

전체 수량 이용하기

A 한 그래프에서 모르는 수량 구하기

B   A+

1 오른쪽은 보미네 학교 4학년 학생 중 안경을 낀 학생 수를 반별로 조사하여 나타낸 막대그래프입니다. 안경을 낀 4학년 학생이 34명이고, 2반의 안경을 낀 학생 수는 3반의 안경을 낀 학생 수보다 4명 더 적습니다. 4반의 안경을 낀 학생은 몇 명인지 구하세요.

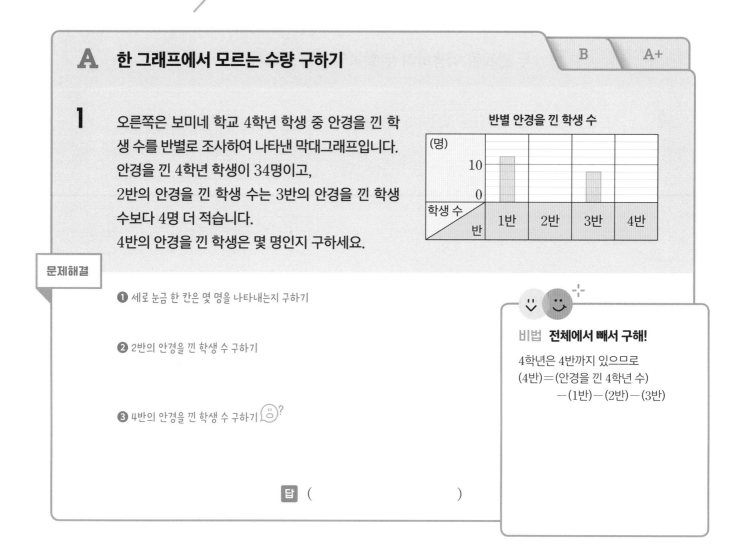

반별 안경을 낀 학생 수

문제해결

❶ 세로 눈금 한 칸은 몇 명을 나타내는지 구하기

❷ 2반의 안경을 낀 학생 수 구하기

❸ 4반의 안경을 낀 학생 수 구하기

비법 전체에서 빼서 구해!

4학년은 4반까지 있으므로
(4반)=(안경을 낀 4학년 수)
　　　　-(1반)-(2반)-(3반)

답 (   )

2 오른쪽은 인범이네 학교 학생 260명의 취미를 조사하여 나타낸 막대그래프입니다. 취미가 그림인 학생 수와 운동인 학생 수가 같을 때 취미가 노래인 학생은 몇 명인지 구하세요.

(   )

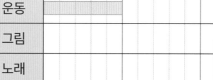

취미별 학생 수

3 오른쪽은 도시별 등록된 자동차 수를 조사하여 나타낸 막대그래프입니다. 네 도시의 등록된 자동차가 3100대이고, ㉯ 도시의 등록된 자동차 수는 ㉮ 도시의 등록된 자동차 수의 2배입니다. 막대그래프를 완성하세요.

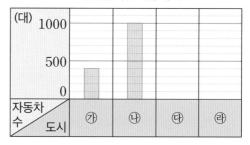

도시별 등록된 자동차 수

| A | **B** 두 자료의 막대그래프에서 모르는 수량 구하기 | A+ |

4 오른쪽은 규현이네 학교 4학년 학생들의 장래 희망을 조사하여 나타낸 막대그래프입니다.
전체 남학생 수와 여학생 수가 같다면 장래 희망이 선생님인 여학생은 몇 명인지 구하세요.

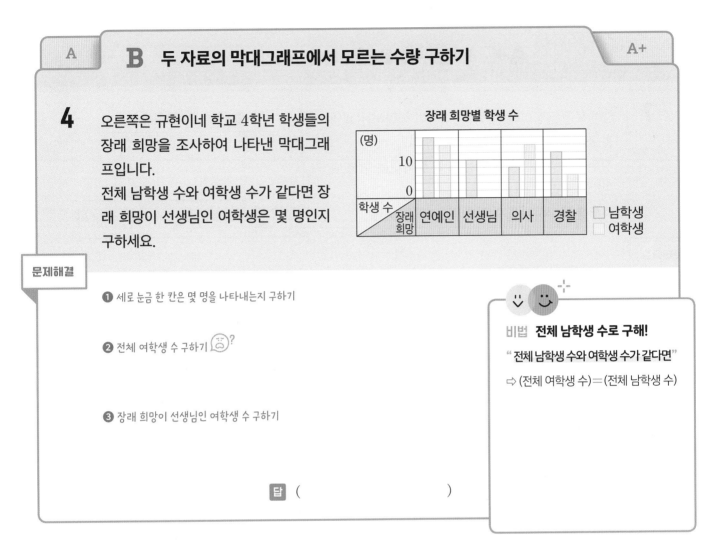

장래 희망별 학생 수

문제해결

❶ 세로 눈금 한 칸은 몇 명을 나타내는지 구하기

❷ 전체 여학생 수 구하기

❸ 장래 희망이 선생님인 여학생 수 구하기

비법 전체 남학생 수로 구해!

" 전체 남학생 수와 여학생 수가 같다면"

⇨ (전체 여학생 수)=(전체 남학생 수)

답 (   )

5 오른쪽은 네 농장의 배와 사과 생산량을 조사하여 나타낸 막대그래프입니다. 네 농장의 배 생산량과 사과 생산량이 같다면 ㉱ 농장의 배 생산량은 몇 kg인지 구하세요.

(   )

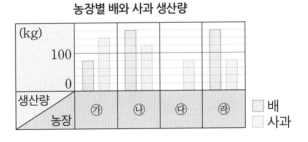

농장별 배와 사과 생산량

6 오른쪽은 도연이네 학교 4학년 학생 중 우유를 좋아하는 학생 수를 반별로 조사하여 나타낸 막대그래프입니다. 우유를 좋아하는 남학생 수의 합이 여학생 수의 합보다 3명 더 많다면 4반의 우유를 좋아하는 남학생은 몇 명인지 구하세요.

(   )

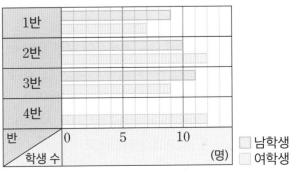

반별 우유를 좋아하는 학생 수

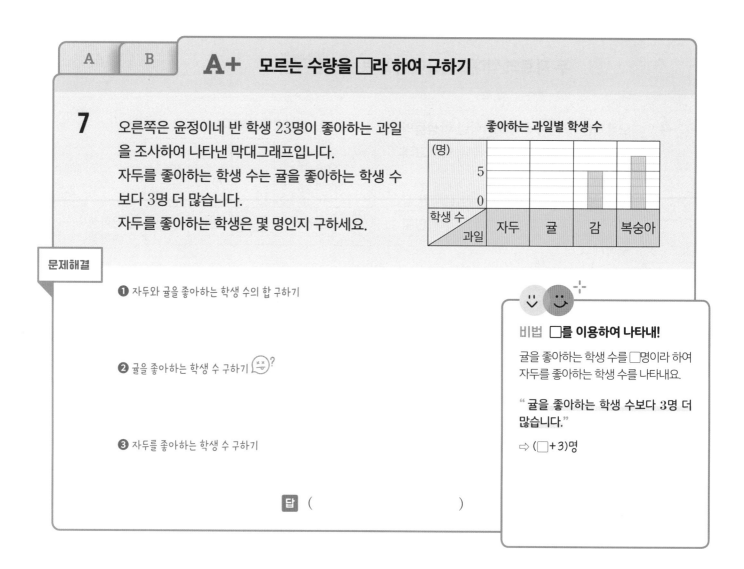

| A | B | **A+** 모르는 수량을 □라 하여 구하기 |

7 오른쪽은 윤정이네 반 학생 23명이 좋아하는 과일을 조사하여 나타낸 막대그래프입니다.
자두를 좋아하는 학생 수는 귤을 좋아하는 학생 수보다 3명 더 많습니다.
자두를 좋아하는 학생은 몇 명인지 구하세요.

좋아하는 과일별 학생 수

문제해결

❶ 자두와 귤을 좋아하는 학생 수의 합 구하기

❷ 귤을 좋아하는 학생 수 구하기

❸ 자두를 좋아하는 학생 수 구하기

답 (   )

비법 □를 이용하여 나타내!

귤을 좋아하는 학생 수를 □명이라 하여
자두를 좋아하는 학생 수를 나타내요.

" 귤을 좋아하는 학생 수보다 3명 더
많습니다."

⇨ (□+3)명

8 오른쪽은 민영이와 친구들이 투호 던지기를 하여 통에 넣은 화살 수를 조사하여 나타낸 막대그래프입니다. 네 사람이 넣은 화살 수는 모두 44개이고, 지혁이는 주련이보다 12개 더 적게 넣었습니다. 지혁이가 넣은 화살은 몇 개인지 구하세요.

(   )

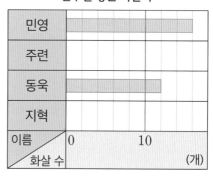

친구별 넣은 화살 수

9 오른쪽은 온유네 모둠 학생들이 하루 동안 책을 읽은 시간을 조사하여 나타낸 막대그래프입니다. 네 사람이 책을 읽은 시간은 모두 240분이고, 온유가 책을 읽은 시간은 시아가 책을 읽은 시간의 2배입니다. 막대그래프를 완성하세요.

학생별 책을 읽은 시간

표와 막대그래프 완성하기

A 표와 막대그래프 완성하기 A+

1 어느 공장의 월별 인형 생산량을 조사하여 나타낸 표와 막대그래프입니다.
표와 막대그래프를 완성하세요.

월별 인형 생산량

월	7월	8월	9월	10월	합계
생산량(개)		140	120		480

월별 인형 생산량

문제해결

❶ 막대그래프에서 7월의 생산량 구하여 표에 써넣기

❷ 8월의 생산량을 막대그래프에 그리기

❸ 10월의 생산량을 구하여 표에 써넣고 막대그래프에 그리기

비법
알 수 있는 것부터 채워!

막대그래프와 표를 비교하여 알 수 있는 것부터 서로 채워요.

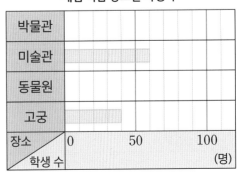

7월	8월	9월	10월
	140	120	

2 이든이네 학교 학생들이 가고 싶어 하는 체험 학습 장소를 조사하여 나타낸 표와 막대그래프입니다. 표와 막대그래프를 완성하세요.

체험 학습 장소별 학생 수

장소	박물관	미술관	동물원	고궁	합계
학생 수(명)	50			40	230

체험 학습 장소별 학생 수

A | **A+** 눈금 한 칸의 크기를 구해 표와 막대그래프 완성하기

3 어느 빵집의 하루 빵 판매량을 조사하여 나타낸 표와 막대그래프입니다.
크림빵 판매량은 바게트 판매량의 2배일 때 표와 막대그래프를 완성하세요.

종류별 빵 판매량

종류	크림빵	팥빵	바게트	식빵	합계
판매량 (개)		120			300

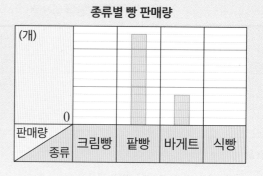

종류별 빵 판매량

문제해결

❶ 세로 눈금 한 칸은 몇 개를 나타내는지 구하기 🌀 ?

❷ 바게트와 크림빵의 판매량을 각각 구하여 표에 써넣고 막대그래프에 그리기

❸ 식빵의 판매량을 구하여 표에 써넣고 막대그래프에 그리기

비법

먼저 공통으로 나타낸 빵을 찾아!

표에 팥빵은 120개, 그래프에 팥빵은 12칸으로 나타냈으므로 팥빵을 이용하여 세로 눈금 한 칸의 크기를 구해요.

크림빵	팥빵	바게트	식빵
	120		

크림빵	팥빵	바게트	식빵

4 서진이네 학교 4학년 학생들이 태어난 계절을 조사하여 나타낸 표와 막대그래프입니다. 여름에 태어난 학생 수는 봄에 태어난 학생 수보다 15명 더 적을 때 표와 막대그래프를 완성하세요.

태어난 계절별 학생 수

계절	봄	여름	가을	겨울	합계
학생 수 (명)			40		200

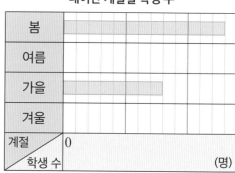

태어난 계절별 학생 수

01

도준이네 학교 4학년 학생들이 즐겨 보는 TV 프로그램을 조사하여 나타낸 표입니다. 표를 보고 막대그래프로 나타낼 때 세로에 학생 수를 나타내려면 세로 눈금은 적어도 몇 명까지 나타낼 수 있어야 하는지 구하세요.

즐겨 보는 TV 프로그램별 학생 수

프로그램	예능	뉴스	어린이 드라마	스포츠	합계
학생 수(명)	24	8	14		66

(   )

02

ॐ
유형 01 Ⓐ

오른쪽은 상자에 들어 있는 공을 조사하여 나타낸 막대그래프입니다. 가장 많이 들어 있는 공의 수와 가장 적게 들어 있는 공의 수의 차는 몇 개인지 구하세요.

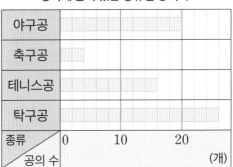

상자에 들어 있는 종류별 공의 수

(   )

03

오른쪽은 어느 지역의 월별 눈이 온 날수를 조사하여 나타낸 막대그래프입니다. 1월에 눈이 오지 않은 날은 며칠인지 구하세요.

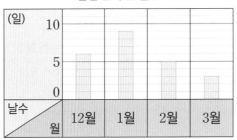

월별 눈이 온 날수

(   )

04

유형 06 Ⓐ

경아네 학교 학생들이 좋아하는 채소를 조사하여 나타낸 표와 막대그래프입니다. 표와 막대그래프를 완성하세요.

좋아하는 채소별 학생 수

채소	오이	당근	무	가지	합계
학생 수 (명)	80			60	260

좋아하는 채소별 학생 수

05

유형 02 Ⓑ

오른쪽은 일주일 동안 사라네 학교에서 지각을 한 학생 수를 학년별로 조사하여 나타낸 막대그래프입니다. 지각을 한 남학생 수와 여학생 수의 차가 가장 큰 학년의 지각생은 모두 몇 명인지 구하세요.

(   )

학년별 지각생 수

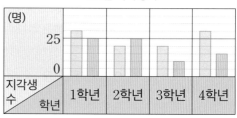

06

유형 05 Ⓐ

어느 도서관에 있는 책의 종류를 조사하여 나타낸 막대그래프입니다. 조건 을 모두 만족하도록 막대그래프를 완성하세요.

조건
• 잡지는 동화책보다 40권 적습니다.
• 도서관에 있는 책은 모두 420권입니다.

종류별 책 수

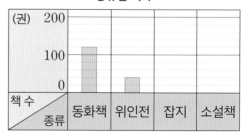

07

유형 05 A+

오른쪽은 어느 지역의 월별 강수량을 조사하여 나타낸 막대그래프입니다. 4개월 동안 강수량은 모두 100 mm였고, 7월의 강수량은 6월의 강수량의 4배였습니다. 7월의 강수량은 몇 mm인지 구하세요.

(   )

월별 강수량

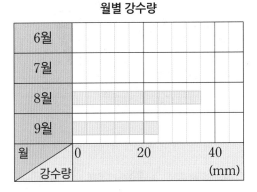

08

오른쪽은 도아네 집과 각 장소 사이의 거리를 조사하여 나타낸 막대그래프입니다. 도아가 4분에 160 m씩 일정한 빠르기로 걷는다면 집에서 가장 먼 장소까지 가는 데 걸리는 시간은 몇 분인지 구하세요.

(   )

장소별 도아네 집과의 거리

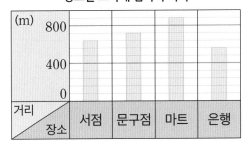

09

유형 03 A

오른쪽은 은호네 학교 4학년 학생들이 반별로 심은 나무 수를 조사하여 나타낸 막대그래프입니다. 1반에서 심은 나무는 3반에서 심은 나무보다 4그루 더 많다고 합니다. 4반에서 심은 나무는 몇 그루인지 구하세요.

(   )

반별 심은 나무 수

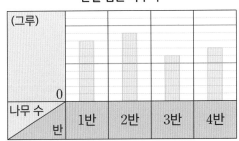

6

규칙 찾기

학습기록표

유형 01
학습일

학습평가

수의 배열에서 규칙 찾기

A	오른쪽 방향 규칙
B	↘ 방향 규칙
C	삼각형 모양 규칙
D	가로, 세로줄 규칙

유형 02
학습일

학습평가

계산식에서 규칙 찾기

A	■째 식
B	계산 결과 주어진 식
B+	계산 결과

유형 03
학습일

학습평가

도형의 배열에서 규칙 찾기

A	곱의 규칙
B	합의 규칙
C	두 가지 색깔의 개수

유형 04
학습일

학습평가

실생활에서 규칙 찾기

A	사람 수
B	우체통 번호
C	달력

유형 마스터
학습일

학습평가

규칙 찾기

수의 배열에서 규칙 찾기

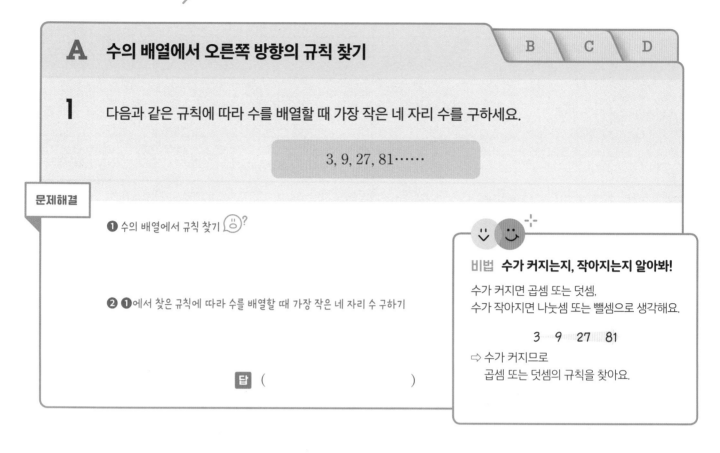

A 수의 배열에서 오른쪽 방향의 규칙 찾기 B C D

1 다음과 같은 규칙에 따라 수를 배열할 때 가장 작은 네 자리 수를 구하세요.

3, 9, 27, 81……

문제해결

❶ 수의 배열에서 규칙 찾기 ?

❷ ❶에서 찾은 규칙에 따라 수를 배열할 때 가장 작은 네 자리 수 구하기

답 (   )

비법 수가 커지는지, 작아지는지 알아봐!

수가 커지면 곱셈 또는 덧셈,
수가 작아지면 나눗셈 또는 뺄셈으로 생각해요.

3 9 27 81

⇨ 수가 커지므로
   곱셈 또는 덧셈의 규칙을 찾아요.

2 다음과 같은 규칙에 따라 수를 배열할 때 가장 큰 네 자리 수를 구하세요.

2, 8, 32, 128……

(   )

3 다음과 같은 규칙에 따라 수를 배열할 때 가장 작은 두 자리 수를 구하세요.

1536, 768, 384, 192……

(   )

문제를 읽고 어떻게 풀지 5분은 생각하기!

| A | | **B** 수 배열표의 ↘ 방향 또는 ↗ 방향의 규칙 찾기 | C | D |

4 수 배열표의 일부분이 찢어졌습니다.
■에 알맞은 수를 구하세요.

32682	32782	32882	32982
42682	42782	42882	42982
52682	52782	52882	52982
62682	62782	62882	62982

　■

문제해결

❶ 수 배열표에서 ↘ 방향의 규칙 찾기 😵?

❷ ■에 알맞은 수 구하기

답 (　　　　　　　　　)

비법 바뀌는 수를 찾아!

어느 자리의 수가 바뀌는지 찾으면 규칙을 알 수 있어요.

백의 자리가 1씩 커져요. →

만의 자리가 1씩 커져요. ↓	32682	32782	32882	32982
	42682	42782	42882	42982
	52682	52782	52882	52982
	62682	62782	62882	62982

5 수 배열표의 일부분이 찢어졌습니다. ■에 알맞은 수를 구하세요.

4678	4668	4658	4648
4578	4568	4558	4548
4478	4468	4458	4448
4378	4368	4358	4348

　■

(　　　　　　　　　)

6 수 배열표의 일부분이 찢어졌습니다. ■에 알맞은 수를 구하세요.

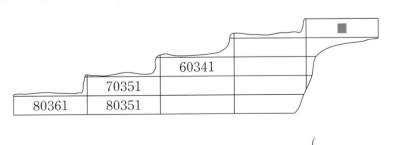

			■
	60341		
70351			
80361	80351		

(　　　　　　　　　)

6. 규칙 찾기 **125**

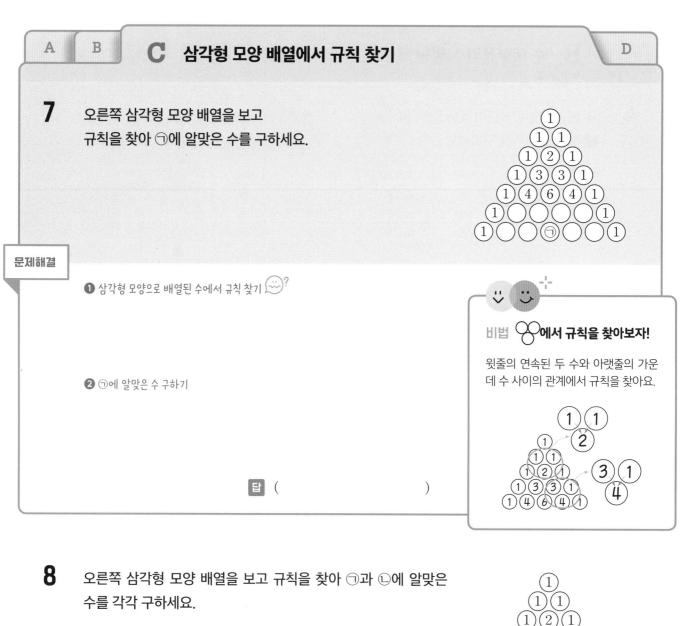

C 삼각형 모양 배열에서 규칙 찾기

7 오른쪽 삼각형 모양 배열을 보고
규칙을 찾아 ㉠에 알맞은 수를 구하세요.

문제해결

❶ 삼각형 모양으로 배열된 수에서 규칙 찾기

❷ ㉠에 알맞은 수 구하기

비법 🟢🟢에서 규칙을 찾아보자!

윗줄의 연속된 두 수와 아랫줄의 가운
데 수 사이의 관계에서 규칙을 찾아요.

답 (   )

8 오른쪽 삼각형 모양 배열을 보고 규칙을 찾아 ㉠과 ㉡에 알맞은
수를 각각 구하세요.

㉠ (   ), ㉡ (   )

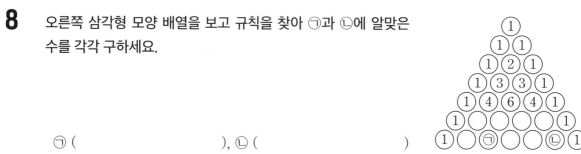

9 오른쪽 삼각형 모양 배열을 보고 규칙을 찾아 여덟째 줄에 알
맞은 수의 합을 구하세요.

각 줄에 알맞은 수의 합의
규칙을 찾아!   (   )

← 첫째
← 둘째
← 셋째
← 넷째
← 다섯째

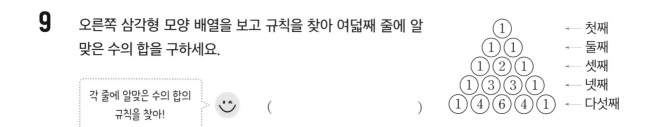

A	B	C	**D 수 배열에서 가로줄과 세로줄의 규칙 찾기**

10 오른쪽과 같은 규칙으로 수를 늘어놓았습니다.
이 표에서 2행 3열의 수는 8입니다.
5행 6열의 수를 구하세요.

	1열	2열	3열	4열
1행	1	4	9	16
2행	2	3	8	15
3행	5	6	7	14
4행	10	11	12	13

······

:

문제해결

❶ 1행의 수들의 규칙을 찾아 1행 6열의 수 구하기

	1열	2열	3열	4열
1행	1	4	9	16
2행	2	3	8	15
3행	5	6	7	14
4행	10	11	12	13

❷ 5행 6열의 수 구하기

답 (   )

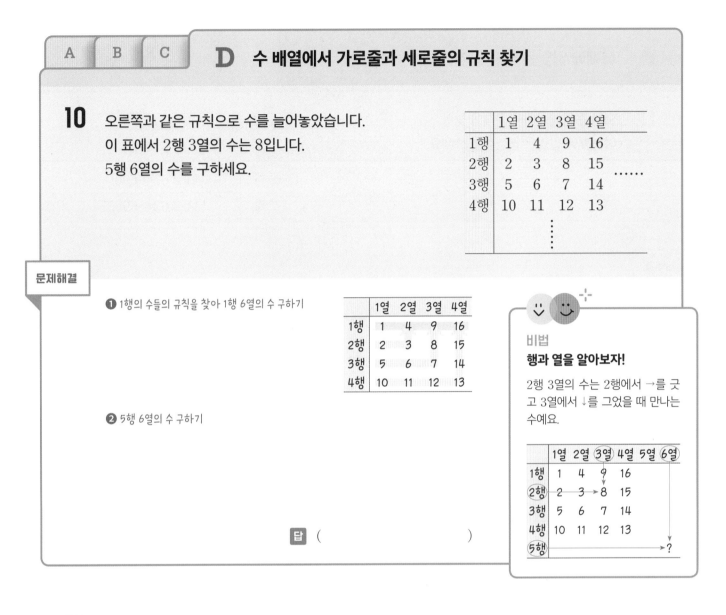

비법
행과 열을 알아보자!

2행 3열의 수는 2행에서 →를 긋고 3열에서 ↓를 그었을 때 만나는 수예요.

	1열	2열	3열	4열	5열	6열
1행	1	4	9	16		
2행	2	3	8	15		
3행	5	6	7	14		
4행	10	11	12	13		
5행						?

11 오른쪽과 같은 규칙으로 수를 늘어놓았습니다. 이 표에서
3행 4열의 수는 14입니다. 6행 7열의 수를 구하세요.

	1열	2열	3열	4열
1행	1	4	9	16
2행	2	3	8	15
3행	5	6	7	14
4행	10	11	12	13

······

:

(   )

12 오른쪽과 같은 규칙으로 수를 늘어놓았습니다. 이 표에서
2행 4열의 수는 11입니다. 9행 9열의 수를 구하세요.

	1열	2열	3열	4열
1행	1	2	5	10
2행	4	3	6	11
3행	9	8	7	12
4행	16	15	14	13

······

:

(   )

계산식에서 규칙 찾기

A ■째에 알맞은 식 구하기

B   B+

1 오른쪽 곱셈식에서 규칙을 찾아 여섯째에 알맞은 곱셈식을 쓰세요.

순서	곱셈식
첫째	$1 \times 63 = 63$
둘째	$11 \times 63 = 693$
셋째	$111 \times 63 = 6993$
넷째	$1111 \times 63 = 69993$

문제해결

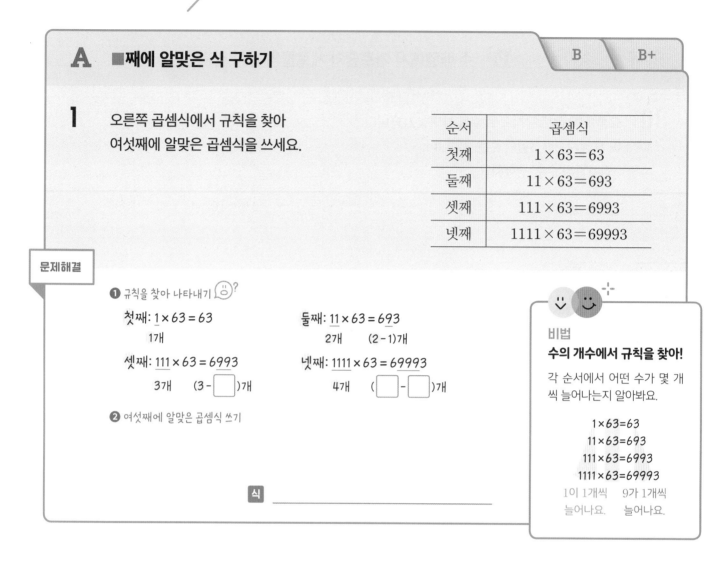

❶ 규칙을 찾아 나타내기

첫째: $1 \times 63 = 63$
1개

둘째: $11 \times 63 = 693$
2개   (2-1)개

셋째: $111 \times 63 = 6993$
3개   (3- ☐)개

넷째: $1111 \times 63 = 69993$
4개   (☐ - ☐)개

❷ 여섯째에 알맞은 곱셈식 쓰기

식 _____

비법
수의 개수에서 규칙을 찾아!
각 순서에서 어떤 수가 몇 개씩 늘어나는지 알아봐요.

$1 \times 63 = 63$
$11 \times 63 = 693$
$111 \times 63 = 6993$
$1111 \times 63 = 69993$

1이 1개씩   9가 1개씩
늘어나요.   늘어나요.

2 오른쪽 덧셈식에서 규칙을 찾아 일곱째에 알맞은 덧셈식을 쓰세요.

순서	덧셈식
첫째	$53 + 48 = 101$
둘째	$553 + 448 = 1001$
셋째	$5553 + 4448 = 10001$
넷째	$55553 + 44448 = 100001$

식 _____

3 오른쪽 곱셈식에서 규칙을 찾아 아홉째에 알맞은 곱셈식을 쓰세요.

순서	곱셈식
첫째	$11 \times 2 = 22$
둘째	$101 \times 22 = 2222$
셋째	$1001 \times 222 = 222222$
넷째	$10001 \times 2222 = 22222222$

식 _____

| A | **B** 계산 결과가 주어진 식 구하기 | B+ |

4 오른쪽 나눗셈식에서 규칙을 찾아
묶이 7070인 나눗셈식을 쓰세요.

순서	나눗셈식
첫째	$11110 \div 11 = 1010$
둘째	$22220 \div 11 = 2020$
셋째	$33330 \div 11 = 3030$
넷째	$44440 \div 11 = 4040$

문제해결

❶ 규칙을 찾아 나타내기

첫째: $11110 \div 11 = 1010$
　　1이 4개

둘째: $22220 \div 11 = 2020$
　　2가 4개

셋째: $33330 \div 11 = 3030$
　　3이 ☐개

넷째: $44440 \div 11 = 4040$
　　☐가 ☐개

❷ 묶이 7070인 나눗셈식 쓰기

비법
바뀌는 수에서 규칙을 찾아!
각 순서에서 수가 어떻게 바뀌는지 알아봐요.

$11110 \div 11 = 1010$
$22220 \div 11 = 2020$
$33330 \div 11 = 3030$
$44440 \div 11 = 4040$

식 _____

5 오른쪽 곱셈식에서 규칙을 찾아 계산 결과가
808808인 곱셈식을 쓰세요.

순서	곱셈식
첫째	$1001 \times 101 = 101101$
둘째	$2002 \times 101 = 202202$
셋째	$3003 \times 101 = 303303$
넷째	$4004 \times 101 = 404404$

식 _____

6 오른쪽 곱셈식에서 규칙을 찾아 계산 결과가
777777777인 곱셈식을 쓰세요.

순서	곱셈식
첫째	$12345679 \times 9 = 111111111$
둘째	$12345679 \times 18 = 222222222$
셋째	$12345679 \times 27 = 333333333$
넷째	$12345679 \times 36 = 444444444$

식 _____

A	B

B+ **계산 결과 구하기**

7 오른쪽 곱셈식에서 규칙을 찾아 8765432×9를 계산해 보세요.

순서	곱셈식
첫째	$2 \times 9 = 18$
둘째	$32 \times 9 = 288$
셋째	$432 \times 9 = 3888$
넷째	$5432 \times 9 = 48888$

문제해결

❶ 규칙을 찾아 나타내기 😃?

첫째: $2 \times 9 = \underline{18}$
자리 수가 1개   1개

둘째: $32 \times 9 = \underline{288}$
자리 수가 2개   2개

셋째: $\underline{432} \times 9 = 3888$
자리 수가 3개 ☐개

넷째: $\underline{5432} \times 9 = 48888$
자리 수가 ☐개 ☐개

❷ 8765432×9 계산하기

비법 자리 수에서 규칙을 찾아!

각 순서에서 자리 수가 어떻게 바뀌는지 알아봐요.

$2 \times 9 = 18$
$32 \times 9 = 288$
$432 \times 9 = 3888$
$5432 \times 9 = 48888$

자리 수가 1개씩   8이 1개씩
늘어나요.   늘어나요.

답 (   )

8 오른쪽 덧셈식에서 규칙을 찾아 $1234567 + 7654321$을 계산해 보세요.

순서	덧셈식
첫째	$1 + 1 = 2$
둘째	$12 + 21 = 33$
셋째	$123 + 321 = 444$
넷째	$1234 + 4321 = 5555$

(   )

9 식에서 규칙을 찾아 ☐ 안에 알맞은 수를 써넣으세요.

$$1 \times 8 = 9 - 1$$
$$12 \times 8 = 98 - 2$$
$$123 \times 8 = 987 - 3$$
$$1234 \times 8 = 9876 - 4$$
$$\vdots$$
$$123456789 \times 8 = \boxed{} - \boxed{}$$

도형의 배열에서 규칙 찾기

A 도형의 개수에서 곱의 규칙 찾기

B   C

1 오른쪽과 같이 바둑돌로 만든 모양의 배열을 보고 아홉째에 알맞은 모양에서 바둑돌은 몇 개인지 구하세요.

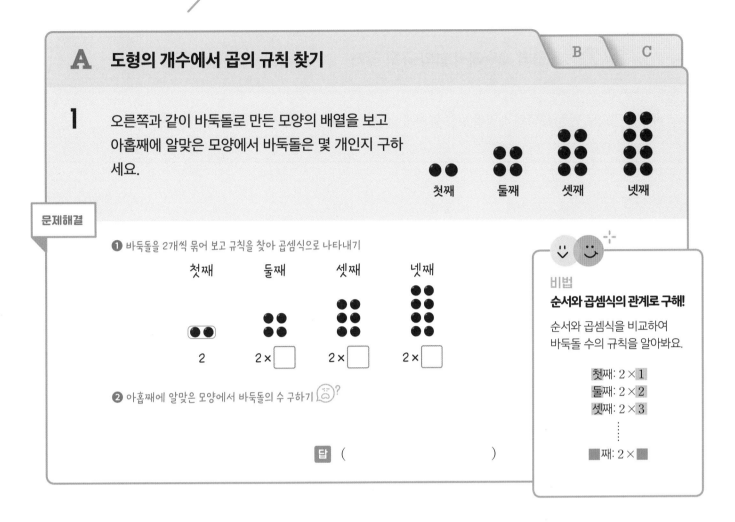

첫째   둘째   셋째   넷째

문제해결

❶ 바둑돌을 2개씩 묶어 보고 규칙을 찾아 곱셈식으로 나타내기

첫째   둘째   셋째   넷째

2   2 × ☐   2 × ☐   2 × ☐

❷ 아홉째에 알맞은 모양에서 바둑돌의 수 구하기

답 (   )

비법
순서와 곱셈식의 관계로 구해!

순서와 곱셈식을 비교하여 바둑돌 수의 규칙을 알아봐요.

첫째: 2 × 1
둘째: 2 × 2
셋째: 2 × 3
⋮
■째: 2 × ■

2 주황색 삼각형으로 만든 모양의 배열을 보고 열째에 알맞은 모양에서 주황색 삼각형은 몇 개인지 구하세요.

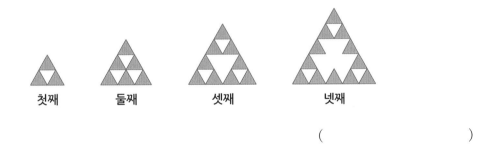

첫째   둘째   셋째   넷째

(   )

3 모형으로 만든 도형의 배열을 보고 여섯째 도형까지 배열할 때 필요한 모형은 모두 몇 개인지 구하세요.

첫째부터 여섯째까지 모형의 수를 모두 더해야 해요.

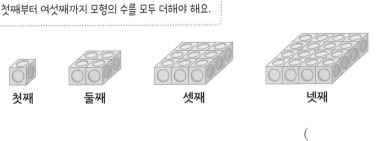

첫째   둘째   셋째   넷째

(   )

B 도형의 개수에서 합의 규칙 찾기

A   C

4   원으로 만든 모양의 배열을 보고 열째에 알맞은 모양에서 원은 몇 개인지 구하세요.

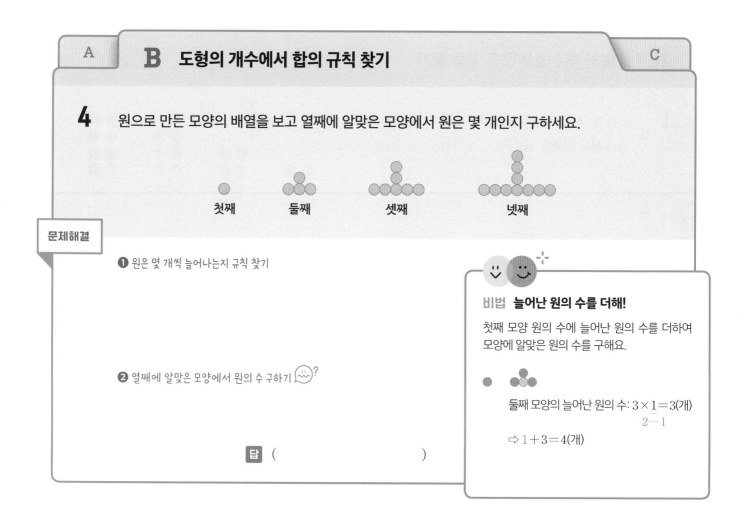

첫째   둘째   셋째   넷째

문제해결

❶ 원은 몇 개씩 늘어나는지 규칙 찾기

❷ 열째에 알맞은 모양에서 원의 수 구하기

답 (   )

비법 늘어난 원의 수를 더해!

첫째 모양 원의 수에 늘어난 원의 수를 더하여 모양에 알맞은 원의 수를 구해요.

둘째 모양의 늘어난 원의 수: $3 \times \underset{2-1}{1} = 3$(개)

⇨ $1 + 3 = 4$(개)

5   사각형으로 만든 모양의 배열을 보고 12째에 알맞은 모양에서 사각형은 몇 개인지 구하세요.

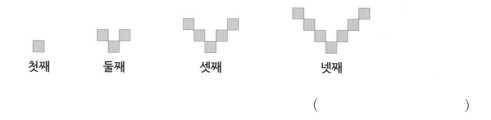

첫째   둘째   셋째   넷째

(   )

6   바둑돌로 만든 모양의 배열을 보고 여섯째 모양까지 배열할 때 필요한 바둑돌은 모두 몇 개인지 구하세요.

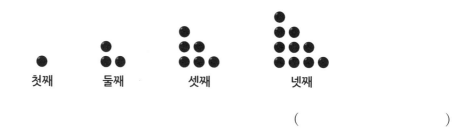

첫째   둘째   셋째   넷째

(   )

| A | B | **C 두 가지 색깔의 도형에서 개수 구하기** |

7 바둑돌로 만든 모양의 배열을 보고 일곱째에 알맞은 모양에서 흰색 바둑돌과 검은색 바둑돌 중 어떤 색 바둑돌이 몇 개 더 많은지 구하세요.

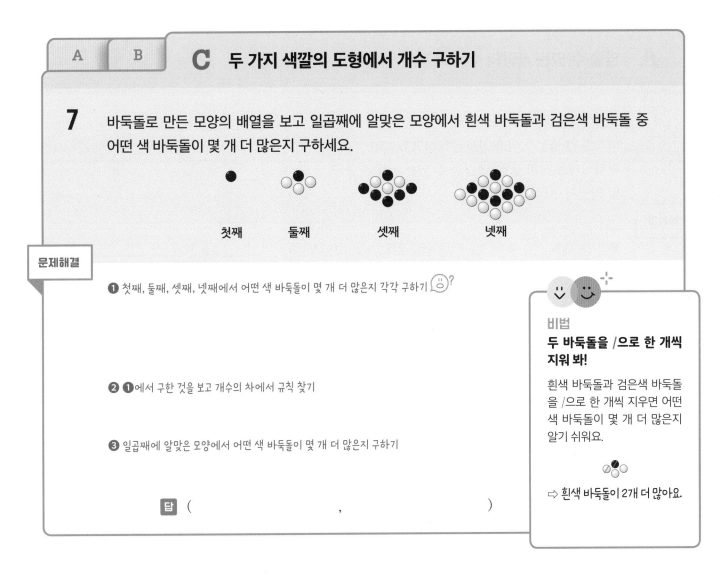

첫째   둘째   셋째   넷째

문제해결

❶ 첫째, 둘째, 셋째, 넷째에서 어떤 색 바둑돌이 몇 개 더 많은지 각각 구하기 😊 ?

❷ ❶에서 구한 것을 보고 개수의 차에서 규칙 찾기

❸ 일곱째에 알맞은 모양에서 어떤 색 바둑돌이 몇 개 더 많은지 구하기

답 (,   )

비법

두 바둑돌을 /으로 한 개씩 지워 봐!

흰색 바둑돌과 검은색 바둑돌을 /으로 한 개씩 지우면 어떤 색 바둑돌이 몇 개 더 많은지 알기 쉬워요.

⇨ 흰색 바둑돌이 2개 더 많아요.

8 바둑돌로 만든 모양의 배열을 보고 여덟째에 알맞은 모양에서 흰색 바둑돌과 검은색 바둑돌 중 어떤 색 바둑돌이 몇 개 더 많은지 구하세요.

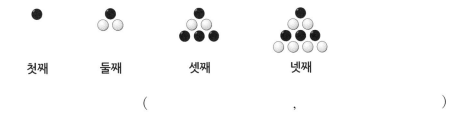

첫째   둘째   셋째   넷째

(,   )

9 타일로 만든 모양의 배열을 보고 11째에 알맞은 모양에서 빨간색 타일과 파란색 타일 중 어떤 색 타일이 몇 장 더 많은지 구하세요.

첫째   둘째   셋째   넷째

(,   )

실생활에서 규칙 찾기

A 앉을 수 있는 사람의 수 구하기

B   C

1 오른쪽과 같이 한쪽 모서리에 2명씩 앉을 수 있는
탁자를 한 줄로 이어 붙여서 앉으려고 합니다.
탁자 8개를 이어 붙일 때 앉을 수 있는 사람은 모두
몇 명인지 구하세요.

문제해결

❶ 탁자가 한 개 늘어날 때마다 앉을 수 있는 사람은 몇 명씩 늘어나는지 규칙 찾기

❷ 탁자 8개를 이어 붙일 때 앉을 수 있는 사람 수 구하기

비법 늘어난 사람 수를 더해!

탁자 1개에 앉을 수 있는 사람 수에
늘어난 사람 수를 더해서 구해요.

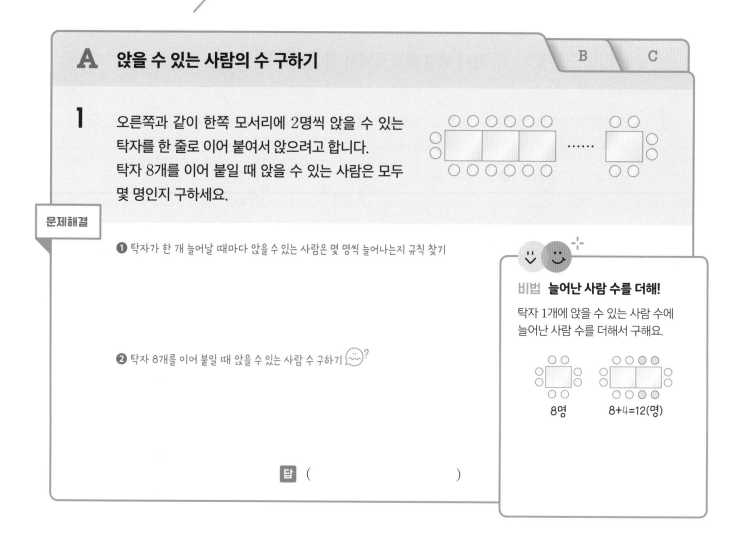

8명   8+4=12(명)

답 (   )

2 다음과 같은 규칙으로 성냥개비를 늘어놓아 정사각형 모양을 계속 이어 만들려고 합니다. 정사각
형 10개를 만드는 데 필요한 성냥개비는 몇 개인지 구하세요.

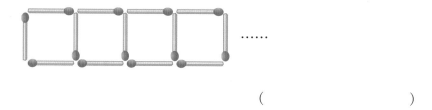

(   )

3 다음과 같은 규칙으로 사진을 벽에 붙였습니다. 누름 못을 20개 사용했을 때 벽에 붙인 사진은
몇 장인지 구하세요.

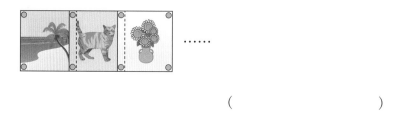

(   )

| A | **B 우체통 번호 구하기** | C |

4 오른쪽은 우희가 살고 있는 아파트의 우체통입니다.
우희네 집의 우체통은 위쪽에서 다섯째이고, 왼쪽
에서 여섯째입니다.
우희네 집의 우체통은 몇 번인지 구하세요.

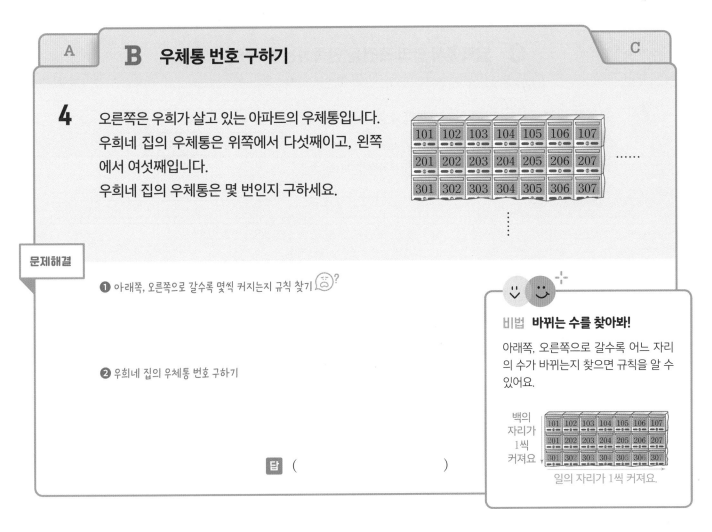

문제해결

❶ 아래쪽, 오른쪽으로 갈수록 몇씩 커지는지 규칙 찾기

❷ 우희네 집의 우체통 번호 구하기

답 (   )

비법 바뀌는 수를 찾아봐!

아래쪽, 오른쪽으로 갈수록 어느 자리
의 수가 바뀌는지 찾으면 규칙을 알 수
있어요.

백의
자리가
1씩
커져요

일의 자리가 1씩 커져요.

5 오른쪽은 도겸이네 학교 신발장입니
다. 도겸이의 신발장은 아래쪽에서
여섯째이고, 왼쪽에서 다섯째입니다.
도겸이의 신발장 번호는 몇 번인지
구하세요.

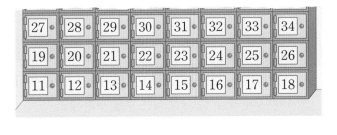

(   )

6 공연장에 있는 의자 뒷면에는 좌석 번호가 붙어 있습니다. 시온이의 좌석 번호는 59번입니다. 시
온이의 자리는 몇 열 왼쪽에서 몇째 자리인지 구하세요.

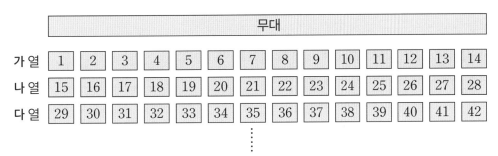

(   )

| A | B | **C** 달력에서 합의 조건을 만족하는 수 구하기 |

7 오른쪽 달력의 ☐ 안에 있는 9개의 수를 모두 더하면 81입니다.
같은 모양으로 9개의 수를 더했을 때 198이 되는 9개의 수 중 가장 큰 수를 구하세요.

일	월	화	수	목	금	토
	1	2	3	4	5	6
7	8	9	10	11	12	13
14	15	16	17	18	19	20
21	22	23	24	25	26	27
28	29	30	31			

문제해결

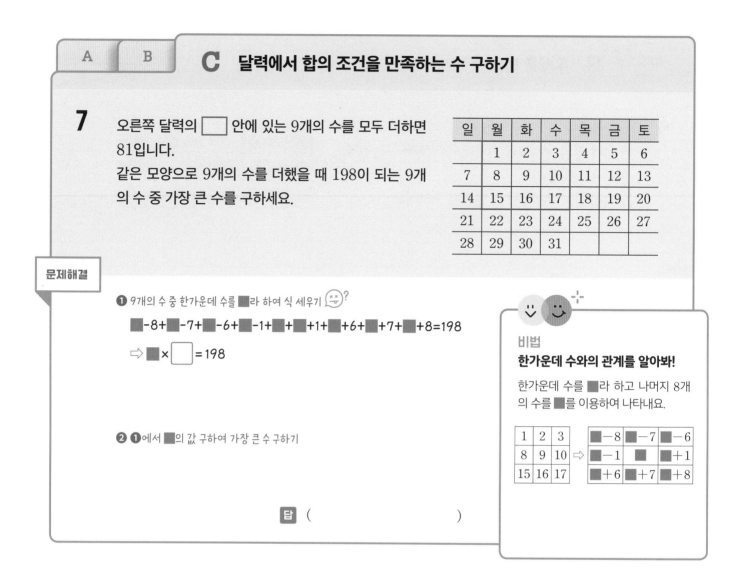

❶ 9개의 수 중 한가운데 수를 ■라 하여 식 세우기

■-8+■-7+■-6+■-1+■+■+1+■+6+■+7+■+8=198

⇨ ■ × ☐ = 198

❷ ❶에서 ■의 값 구하여 가장 큰 수 구하기

비법
한가운데 수와의 관계를 알아봐!

한가운데 수를 ■라 하고 나머지 8개의 수를 ■를 이용하여 나타내요.

1	2	3
8	9	10
15	16	17

⇨

■-8	■-7	■-6
■-1	■	■+1
■+6	■+7	■+8

답 (   )

8 오른쪽 달력의 ☐ 안에 있는 9개의 수를 모두 더하면 90입니다. 같은 모양으로 9개의 수를 더했을 때 126이 되는 9개의 수 중 가장 작은 수를 구하세요.

(   )

일	월	화	수	목	금	토
			1	2	3	4
5	6	7	8	9	10	11
12	13	14	15	16	17	18
19	20	21	22	23	24	25
26	27	28	29	30	31	

9 오른쪽 달력의 ✚ 안에 있는 5개의 수를 모두 더하면 40입니다. 같은 모양으로 5개의 수를 더했을 때 95가 되는 5개의 수 중 가장 큰 수를 구하세요.

(   )

일	월	화	수	목	금	토
				1	2	3
4	5	6	7	8	9	10
11	12	13	14	15	16	17
18	19	20	21	22	23	24
25	26	27	28	29	30	

01

🔗 유형 02 **A**

오른쪽 곱셈식에서 규칙을 찾아 일곱째에 알맞은 곱셈식을 쓰세요.

순서	곱셈식
첫째	$1 \times 25 = 25$
둘째	$11 \times 25 = 275$
셋째	$111 \times 25 = 2775$
넷째	$1111 \times 25 = 27775$

식 _____

02

🔗 유형 02 **B**

오른쪽 계산식에서 규칙을 찾아 계산 결과가 1100인 계산식을 쓰세요.

순서	계산식
첫째	$100 + 500 - 200 = 400$
둘째	$300 + 600 - 400 = 500$
셋째	$500 + 700 - 600 = 600$
넷째	$700 + 800 - 800 = 700$

식 _____

03

🔗 유형 03 **A**

연두색 사각형으로 만든 모양의 배열을 보고 11째에 알맞은 모양에서 연두색 사각형은 몇 개인지 구하세요.

첫째

둘째

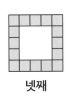
셋째

넷째

(   )

04

유형 03 B

바둑돌로 만든 모양의 배열을 보고 일곱째 모양까지 배열할 때 필요한 바둑돌은 모두 몇 개인지 구하세요.

첫째　　　둘째　　　　셋째　　　　　　넷째

(　　　　　　　　　　　)

05

원으로 만든 배열에서 60째에 놓이는 원은 초록색과 노란색 중 어떤 색인지 구하세요.

(　　　　　　　　　　　)

06

유형 04 A

다음과 같은 규칙으로 성냥개비를 늘어놓아 정삼각형 모양을 계속 이어 만들려고 합니다. 성냥개비 21개로 만들 수 있는 정삼각형은 몇 개인지 구하세요.

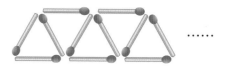

(　　　　　　　　　　　)

07 수 배열표의 일부분이 찢어졌습니다. ■에 알맞은 수를 구하세요.

		17802	18803	19804
			28803	29804
	36801			
■				

(   )

08 삼각형으로 만든 모양의 배열을 보고 빨간색 삼각형이 18개일 때 파란색 삼각형은 몇 개인지 구하세요.

첫째   둘째   셋째   넷째

(   )

09 오른쪽 달력에서 색칠한 부분의 날짜의 합이 42일 때 이달의 1일은 무슨 요일인지 구하세요.

유형 04 C

일	월	화	수	목	금	토

(   )

기적학습연구소

"혼자서 작은 산을 넘는 아이가 나중에 큰 산도 넘습니다."

본 연구소는 아이들이 스스로 큰 산까지 넘을 수 있는 힘을 키워 주고자 합니다.

아이들의 연령에 맞게 학습의 산을 작게 설계하여 혼자서 넘을 수 있다는 자신감을 심어 주고,

때로는 작은 고난도 경험하게 하여 가슴 벅찬 성취감을 느끼게 합니다.

국어, 수학 분과의 학습 전문가들이 아이들에게 실제로 적용해서 검증하며 차근차근 책을 출간합니다.

- 국어 분과 대표 저작물 : 〈기적의 독서논술〉, 〈기적의 독해력〉 외 다수
- 수학 분과 대표 저작물 : 〈기적의 계산법〉, 〈기적의 계산법 응용UP〉, 〈기적의 중학연산〉 외 다수

기적의 문제해결법 3권(초등4-1)

초판 발행 2023년 1월 1일

지은이 기적학습연구소
발행인 이종원
발행처 길벗스쿨
출판사 등록일 2006년 7월 1일
주소 서울시 마포구 월드컵로 10길 56(서교동)
대표 전화 02)332-0931 | **팩스** 02)333-5409
홈페이지 school.gilbut.co.kr | **이메일** gilbut@gilbut.co.kr

기획 김미숙(winnerms@gilbut.co.kr) | **편집진행** 김영란
제작 이준호, 손일순, 이진혁 | **영업마케팅** 문세연, 박다슬 | **웹마케팅** 박달님, 정유리, 윤승현
영업관리 김명자, 정경화 | **독자지원** 윤정아, 최희창
디자인 퍼플페이퍼 | **삽화** 이탁근
전산편집 글사랑 | **CTP 출력·인쇄** 교보피앤비 | **제본** 경문제책

▶ 잘못 만든 책은 구입한 서점에서 바꿔 드립니다.
▶ 이 책은 저작권법에 따라 보호받는 저작물이므로 무단전재와 무단복제를 금합니다.
  이 책의 전부 또는 일부를 이용하려면 반드시 사전에 저작권자와 길벗스쿨의 서면 동의를 받아야 합니다.

ISBN 979-11-6406-491-5 64410
(길벗 도서번호 10841)

정가 15,000원

독자의 1초를 아껴주는 정성 길벗출판사

길벗스쿨 국어학습서, 수학학습서, 어학학습서, 어린이교양서, 교과서 school.gilbut.co.kr
길벗 IT실용서, IT/일반 수험서, IT전문서, 경제실용서, 취미실용서, 건강실용서, 자녀교육서 www.gilbut.co.kr
더퀘스트 인문교양서, 비즈니스서
길벗이지톡 어학단행본, 어학수험서

앗!

본책의 정답과 풀이를 분실하셨나요?
길벗스쿨 홈페이지에 들어오시면 내려받으실 수 있습니다.
https://school.gilbut.co.kr/

기적의 문제 해결법

3 초등 4-1

정답과 풀이

차례

1 큰 수

'큰 수의 경우 채점의 편의성을 위하여 구분선( )을 표시하였습니다. 구분선( )은 정답에 포함되지 않습니다.'

유형 01

10쪽

1 ❶

1	0	0	0	0	원
1	7	0	0	0	원
		2	4	0	0	원
				6	0	원
2	9	4	6	0	원

❷ 2 9460원

답 2 9460원

2 16 8910원   **3** 262 9380원

11쪽

4 ❶ 1억 원짜리: 6억 원,
1000만 원짜리: 5000만 원,
100만 원짜리: 3400만 원,
10만 원짜리: 10만 원
❷ 6억 8410만 원 (또는 6 8410 0000원)
답 6억 8410만 원 (또는 6 8410 0000원)

5 9576억 원 (또는 9576 0000 0000원)

6 3조 8900억 원
(또는 3 8900 0000 0000원)

12쪽

7 ❶ 2 3 5 0 / 2 3   ❷ 23장
답 23장

8 976장   **9** 42장, 7장

유형 02

13쪽

1 ❶ 6, 950, 8402 /
6 0950 8402 0000
❷ 7개   답 7개

2 5개   **3** ㉠

14쪽

4 ❶

| | | 1 | 5 | 0 | 0 | 0 | / |
| | | 1, | 5 | 0 | 0 | 0 |

❷ 82억 5900만 (또는 82 5900 0000)
답 82억 5900만 (또는 82 5900 0000)

5 4조 2013억 1705만
(또는 4 2013 1705 0000)

6 68조 7805억 1000만 원
(또는 68 7805 1000 0000원)

15쪽

7 ❶ 7200억   ❷ 440억   ❸ 44   답 44

8 58   **9** 20

유형 03

16쪽

1 ❶ ㉠ 500 0000, ㉡ 5 0000   ❷ 100배
답 100배

2 1 0000배   **3** 2000배

17쪽

4 ❶ 100배   ❷ 2000 mm
답 2000 mm

5 16 0000 mm

6 1 0000 mm

유형 04

18쪽

1 ❶ ㉠ 14조 1050억,
㉡ 14조 6815억 670만,
㉢ 14조 6006억 387만
❷ ㉡, ㉢, ㉠   답 ㉡, ㉢, ㉠

2 ㉠, ㉡, ㉢   **3** 브라키오사우루스

19쪽

4 ❶ ㉠ 460억 9310만, ㉡ 426억 2100만,
㉢ 426억 278만
❷ ㉢, ㉡, ㉠   답 ㉢, ㉡, ㉠

5 ㉠, ㉢, ㉡   **6** ㉡, ㉢, ㉠

유형 05

20쪽

1 ❶ 예 7자리 수로 같습니다.
❷ 3은 들어갈 수 없습니다.   ❸ 0, 1, 2
답 0, 1, 2

2 7, 8, 9   **3** 4, 5, 6, 7, 8, 9

21쪽

4 ❶ 예 8자리 수로 같습니다.   ❷ 9 / <
❸ ㉡   답 ㉡

5 ㉡   **6** ㉠, ㉡, ㉢

유형 06

22쪽

1 ❶ 작은에 ○표
❷ 0, 1, 3, 4, 5, 6, 8, 9
❸ 1 0 3 4 5 6 8 9
답 1034 5689

2 98 7654 3210   **3** 30 0355 7788

23쪽

4 ❶ 8, 6, 5, 4, 3   ❷ 8 6543
❸ 8 6453   답 8 6453

5 1 0235 6879   **6** 9977 4114

24쪽

7 ❶

| | | | 9 | | | |

❷ 8 7 6 9 5 4 2 1
답 8769 5421

8 76 7633 1100   **9** 10 3245 6798

2 각도

유형 **05**	49쪽	1 ❶ ❷ 540° 답 540°
		2 720°　　　　3 900°
	50쪽	4 ❶ ❷ 50° ❸ 95°
		답 95°
		5 110°　　　　6 145°
	51쪽	7 ❶ ❷ 60° ❸ 120°
		답 120°
		8 150°　　　　9 135°
유형 **06**	52쪽	1 ❶ ㉡: 45°, ㉢: 60° ❷ 105° 답 105°
		2 15°　　　　3 75°
	53쪽	4 ❶ ㉡ 60°, ㉢ 45° ❷ 75° 답 75°
		5 105°　　　　6 165°
유형 **07**	54쪽	1 ❶ 70 ❷ 40° 답 40°
		2 30°　　　　3 60°
	55쪽	4 ❶ 50° ❷ 40° ❸ 50° 답 50°
		5 30°　　　　6 55°
유형 마스터	56쪽	01 ㉠　　02 13개　　03 5개
	57쪽	04 60°　　05 15°　　06 135°
	58쪽	07 155°　　08 155°　　09 100°
	59쪽	10 45°　　11 40°　　12 30°

유형 **01**	62쪽	1 ❶ 2645개 ❷ 6150개 ❸ 8795개
		답 8795개
		2 7944장　　　　3 소금, 100 g
	63쪽	4 ❶ 8봉지, 5개 ❷ 9봉지 답 9봉지
		5 12상자　　　　6 32자루
	64쪽	7 ❶ 2개 ❷ 11개 답 11개
		8 13개　　　　9 9000원
유형 **02**	65쪽	1 ❶ ㉢: 3, ㉣: 7 ❷ 5 ❸ 8
		답 5, 8, 3, 7
		2 (위에서부터) 4, 2, 8, 9, 2
		3 (위에서부터) 9, 5, 8, 7, 2
	66쪽	4 ❶ ㉢: 0, ㉣: 4, ㉤: 4 ❷ 1 ❸ 2
		답 2, 1, 0, 4, 4
		5 4, 1, 3, 5, 5, 1　　6 3, 2, 9, 7, 6, 8
	67쪽	7 ❶ ㉠: 8, ㉢: 4 ❷ ㉡: 9, ㉢: 3
		❸ ㉤: 8, ㉥: 7 답 8, 9, 3, 4, 8, 7
		8 2, 5, 1, 5, 6, 8　　9 3, 6, 9, 4, 1, 1
유형 **03**	68쪽	1 ❶ 540 ❷ 6480 답 6480
		2 31104　　　　3 2
	69쪽	4 ❶ 400 ❷ 몫: 6, 나머지: 10 답 6, 10
		5 13, 28　　　　6 6723
유형 **04**	70쪽	1 ❶ 18 ❷ 18, 18, 작은에 ○표 ❸ 17
		답 17
		2 21　　　　3 13
	71쪽	4 ❶ 17, 867, 33 ❷ 18 ❸ 18 답 18
		5 31　　　　6 42
유형 **05**	72쪽	1 ❶ 29 ❷ 479 답 479
		2 441　　　　3 835
	73쪽	4 ❶ 851 ❷ 887 ❸ 5, 6, 7, 8
		답 5, 6, 7, 8
		5 4, 5　　　　6 22
	74쪽	7 ❶ 853 ❷ 914 ❸ 853 답 853
		8 5, 5　　　　9 359

4 평면도형의 이동

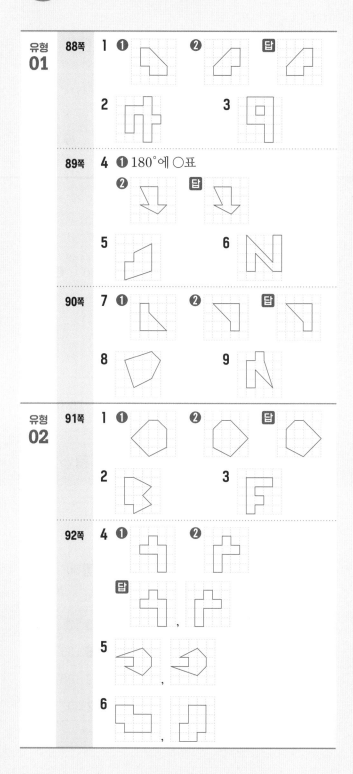

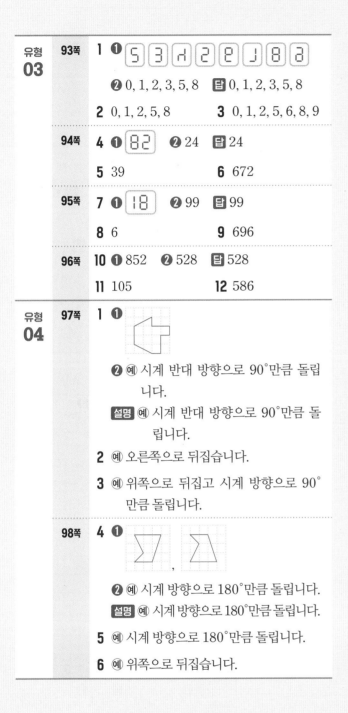
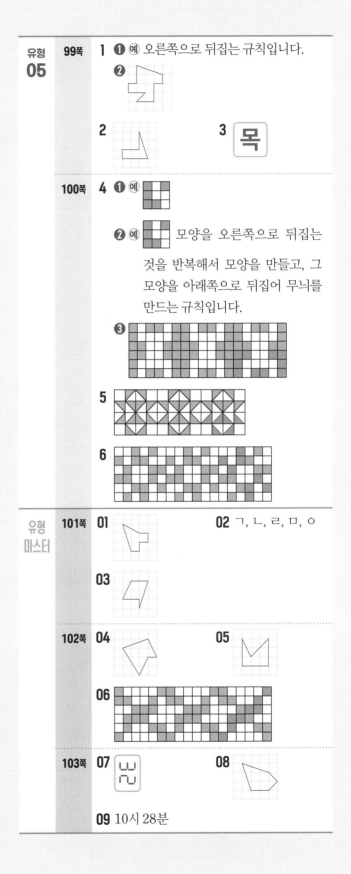

5 막대그래프

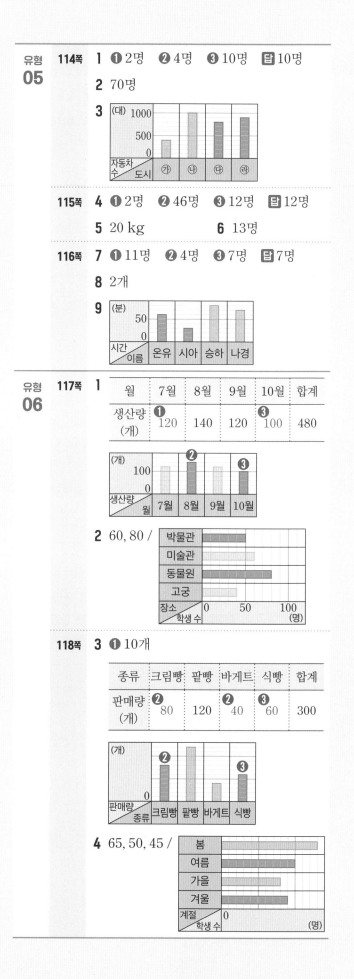

6 규칙 찾기

채소 학생 수	0	50	100 (명)
오이			
당근			
무			
가지			

05 45명

06

책 수 종류	동화책	위인전	잡지	소설책

1 큰 수

'큰 수의 경우 채점의 편의성을 위하여 구분선( )을 표시하였습니다.
구분선( )은 정답에 포함되지 않습니다.'

유형 01 돈을 활용한 문제

10쪽

1 ❶

1	0	0	0	0	원
1	7	0	0	0	원
		2	4	0	0	원
				6	0	원
2	9	4	6	0	원

❷ 2 9460원

目 2 9460원

2 16 8910원   **3** 262 9380원

11쪽

4 ❶ 1억 원짜리: 6억 원,
1000만 원짜리: 5000만 원,
100만 원짜리: 3400만 원,
10만 원짜리: 10만 원
❷ 6억 8410만 원 (또는 6 8410 0000원)
目 6억 8410만 원 (또는 6 8410 0000원)

5 9576억 원 (또는 9576 0000 0000원)

6 3조 8900억 원 (또는 3 8900 0000 0000원)

12쪽

7 ❶ 2 3 5 0 / 2 3   ❷ 23장
目 23장

8 976장   **9** 42장, 7장

---

1 ❶

| 10000원짜리 지폐 1장 ⇨ 1 0000원 |
| 1000원짜리 지폐 17장 ⇨ 1 7000원 |
| 100원짜리 동전 24개 ⇨ 2400원 |
| 10원짜리 동전 6개 ⇨ 60원 |
| 저금통에 들어 있는 돈 ⇨ 2 9460원 |

❷ 지민이의 저금통에 들어 있는 돈은 모두 2 9460원입니다.

2

| 10000원짜리 지폐 13장 ⇨ 13 0000원 |
| 1000원짜리 지폐 38장 ⇨ 3 8000원 |
| 100원짜리 동전 9개 ⇨ 900원 |
| 10원짜리 동전 1개 ⇨ 10원 |
| 전자사전의 가격 ⇨ 16 8910원 |

따라서 전자사전의 가격은 16 8910원입니다.

3

| 10000원짜리 지폐 260장 ⇨ 260 0000원 |
| 1000원짜리 지폐 25장 ⇨ 2 5000원 |
| 100원짜리 동전 43개 ⇨ 4300원 |
| 10원짜리 동전 8개 ⇨ 80원 |
| 지난달 예금한 돈 ⇨ 262 9380원 |

4 ❶

| 1억 원짜리 6장 ⇨ 6억 원 |
| 1000만 원짜리 5장 ⇨ 5000만 원 |
| 100만 원짜리 34장 ⇨ 3400만 원 |
| 10만 원짜리 1장 ⇨ 10만 원 |
| 가지고 있는 모형 돈 ⇨ 6억 8410만 원 |

❷ 보은이가 가지고 있는 모형 돈은 모두
6억 8410만 원입니다.

5

| 1000억 원짜리 수표 8장 ⇨ 8000억 원 |
| 100억 원짜리 수표 15장 ⇨ 1500억 원 |
| 10억 원짜리 수표 7장 ⇨ 70억 원 |
| 1억 원짜리 수표 6장 ⇨ 6억 원 |
| 수출액 ⇨ 9576억 원 |

6

| 1조 원짜리 3장 ⇨ 3조 원 |
| 1000억 원짜리 6장 ⇨ 6000억 원 |
| 100억 원짜리 29장 ⇨ 2900억 원 |
| 모형 돈 ⇨ 3조 8900억 원 |

7 ❶ 2350 0000 ⇨ 2350만
만   일
⇨ 100만이 23개까지 있습니다.

❷ 2350만 원은 100만 원짜리 수표 23장으로 바꾸면
2300 0000원이 되고 50 0000원이 남습니다.
남은 50만 원은 100만 원짜리 수표로 바꿀 수 없으
므로 100만 원짜리 수표로 23장까지 바꿀 수 있습니다.

8 9768 0000 ⇨ 9768만
만   일
⇨ 10만이 976개까지 있습니다.
9768만 원은 10만 원짜리 수표 976장으로 바꾸면
9760 0000원이 되고 8 0000원이 남습니다.
남은 8만 원은 10만 원짜리 수표로 바꿀 수 없으므로
10만 원짜리 수표로 976장까지 바꿀 수 있습니다.

9 100만 원짜리 수표로 가능한 많이 찾아야 합니다.
4270 0000 ⇨ 4270만
만   일
⇨ 100만이 42개, 10만이 7개
수표의 수를 가장 적게 하여 찾으려면 4270만 원은 100만
원짜리 수표 42장, 10만 원짜리 수표 7장으로 찾아야 합니다.

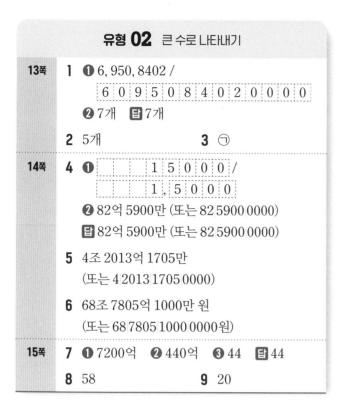

유형 **02** 큰 수로 나타내기

13쪽	**1**	❶ 6, 950, 8402 /
		6 0 9 5 0 8 4 0 2 0 0 0 0
		❷ 7개 답 7개
	2 5개	**3** ㉠
14쪽	**4**	❶ 1 5 0 0 0 /
		1 5 0 0 0
		❷ 82억 5900만 (또는 82 5900 0000)
		답 82억 5900만 (또는 82 5900 0000)
	5 4조 2013억 1705만
		(또는 4 2013 1705 0000)
	6 68조 7805억 1000만 원
		(또는 68 7805 1000 0000원)
15쪽	**7** ❶ 7200억 ❷ 440억 ❸ 44 답 44
	8 58	**9** 20

1 ❶ 조가 6개, 억이 950개, 만이 8402개인 수
   ⇨ 6조 950억 8402만
   ⇨ 6 0 9 5 0 8 4 0 2 0 0 0 0
       조   억   만   일
  ❷ 6 0950 8402 0000 ⇨ 0은 모두 7개입니다.

2 억이 441개, 만이 205개, 일이 60개인 수
   ⇨ 441억 205만 60
   ⇨ 4 4 1 0 2 0 5 0 0 6 0
         억   만   일
  따라서 0은 모두 5개입니다.

3 ㉠ 조가 770개, 억이 3개, 만이 1900개, 일이 34개인 수
   ⇨ 770조 3억 1900만 34
   ⇨ 7 7 0 0 0 0 0 3 1 9 0 0 0 0 3 4
       조   억   만   일
    → 0은 모두 8개
  ㉡ 이백구조 삼천사백억 오십일만 육백칠
   ⇨ 209조 3400억 51만 607
   ⇨ 2 0 9 3 4 0 0 0 0 5 1 0 6 0 7
       조   억   만   일
    → 0은 모두 7개
  8＞7이므로 0의 개수가 더 많은 것은 ㉠입니다.

4 ❶ 1000만이 15개인 수 ⇨ 1 5000만 ⇨ 1억 5000만
  ❷   10억이 8개 ⇨ 80억
       1억이 1개 ⇨ 1억
   1000만이 15개 ⇨ 1억 5000만
    100만이 9개 ⇨   900만
               수 ⇨ 82억 5900만

5   1000억이 42개 ⇨ 4 2000억 ⇨ 4조 2000억
     10억이 1개   ⇨   10억
  1000만이 31개 ⇨ 3 1000만 ⇨   3억 1000만
    100만이 7개   ⇨   700만
      만이 5개   ⇨   5만
                수 ⇨ 4조 2013억 1705만

6   10조가 5개   ⇨ 50조
     1조가 16개   ⇨ 16조
  1000억이 27개 ⇨ 2 7000억 ⇨ 2조 7000억
    100억이 8개   ⇨   800억
  1000만이 51개 ⇨ 5 1000만 ⇨   5억 1000만
              ■ ⇨ 68조 7805억 1000만

  따라서 이 나라의 국가 예산은 68조 7805억 1000만 원
  입니다.

7 ❶ 1000억이 6개 ⇨ 6000억
    100억이 12개 ⇨ 1200억
              7200억
  ❷ 7200억이 7640억이 되려면
    7640억－7200억＝440억이 더 필요합니다.
  ❸ 440억은 10억이 44개인 수이므로
    □ 안에 알맞은 수는 44입니다.

> **참고**
> 큰 수의 뺄셈도 같은 자리끼리 계산합니다.
>   7 6 4 0 억
>   － 7 2 0 0 억
>   4 4 0 억

8 1000만이 3개 ⇨ 3000만
   100만이 14개 ⇨ 1400만
            4400만
  4400만이 4980만이 되려면
  4980만－4400만＝580만이 더 필요합니다.
  580만은 10만이 58개인 수이므로
  □ 안에 알맞은 수는 58입니다.

9 8500 0000 0000 0000＝850조
     조   억   만   일
  100조가 6개 ⇨ 600조
   10조가 23개 ⇨ 230조
             830조
  830조가 850조가 되려면
  850조－830조＝20조가 더 필요합니다.
  20조는 1조가 20개인 수이므로
  □ 안에 알맞은 수는 20입니다.

유형 **03** 자릿값의 몇 배

16쪽	**1** ❶ ㉠ 500 0000, ㉡ 5 0000 ❷ 100배 **답** 100배
	2 1 0000배 **3** 2000배
17쪽	**4** ❶ 100배 ❷ 2000 mm **답** 2000 mm
	5 16 0000 mm **6** 1 0000 mm

1 ❶ ㉠은 백만, ㉡은 만의 자리 숫자이므로

㉠ | 5 | 0 | 0 | 0 | 0 | 0 | 0 |

㉡ | | | 5 | 0 | 0 | 0 | 0 |

❷ 500 0000은 5 0000의 100배이므로

㉠이 나타내는 값은 ㉡이 나타내는 값의 100배입니다.

2 ㉠은 십억, ㉡은 십만의 자리 숫자이므로

㉠ | 7 | 0 | 0 | 0 | 0 | 0 | 0 | 0 | 0 | 0 |

㉡ | | | | | 7 | 0 | 0 | 0 | 0 | 0 |

따라서 ㉠이 나타내는 값은 ㉡이 나타내는 값의 1 0000배입니다.

3 ㉠은 백만, ㉡은 천의 자리 숫자이므로

㉠ | 8 | 0 | 0 | 0 | 0 | 0 | 0 |

㉡ | | | | 4 | 0 | 0 | 0 |

8은 4의 2배이므로

㉠이 나타내는 값은 ㉡이 나타내는 값의 2000배입니다.

4 ❶ 1000권은 10권의 100배입니다.

❷ 똑같은 공책 1000권을 쌓았을 때 높이는
20 mm의 100배인 2000 mm입니다.

다른 풀이

공책 10권을 쌓았을 때 높이는 20 mm이므로 1권의 높이는
2 mm입니다. 따라서 똑같은 공책 1000권을 쌓았을 때 높이
는 2 mm의 1000배인 2000 mm입니다.

5 10만 개는 10개의 1 0000배이므로
10원짜리 동전 10만 개를 쌓았을 때 높이는
16 mm의 1 0000배인 16 0000 mm입니다.

6 1 | 0 | 0 | 0 | 0 | 0 | 0 | 0 | 0 | 0 | 0 | ➡ 만이 10 0000개인 수

억   만   일

10억 원은 만 원짜리 지폐로 10 0000장입니다.
10 0000장은 1000장의 100배이므로
만 원짜리 지폐로 10억 원을 쌓는다면
높이는 10 cm의 100배인 1000 cm입니다.
→ 1 cm=10 mm이므로 1000 cm=1 0000 mm

다른 풀이

만 원짜리 지폐 1000장은 1000만 원입니다.

10억 원 | 1 | 0 | 0 | 0 | 0 | 0 | 0 | 0 | 0 | 0 |

1000만 원 | | | 1 | 0 | 0 | 0 | 0 | 0 | 0 |

10억 원은 1000만 원의 100배이므로
10억 원을 쌓을 때 높이는 10 cm의 100배인 1000 cm입니다.
➡ 1 cm=10 mm이므로 1000 cm=1 0000 mm

유형 **04** 큰 수의 크기 비교

18쪽	**1** ❶ ㉠ 14조 1050억, ㉡ 14조 6815억 670만, ㉢ 14조 6006억 387만
	❷ ㉡, ㉢, ㉠ **답** ㉡, ㉢, ㉠
	2 ㉠, ㉡, ㉢ **3** 브라키오사우루스
19쪽	**4** ❶ ㉠ 460억 9310만, ㉡ 426억 2100만, ㉢ 426억 278만
	❷ ㉢, ㉡, ㉠ **답** ㉢, ㉡, ㉠
	5 ㉠, ㉢, ㉡ **6** ㉡, ㉢, ㉠

1 ❶ ㉠ 조가 14개, 억이 1050개인 수 ➡ 14조 1050억

㉡ 14681506700000 ➡ 14조 6815억 670만

조   억   만   일

㉢ 십사조 육천육억 삼백팔십칠만

➡ 14조 6006억 387만

❷ 14조 6815억 670만>14조 6006억 387만
>14조 1050억이므로
큰 수부터 차례대로 기호를 쓰면 ㉡, ㉢, ㉠입니다.

2 수를 같은 형태로 나타내면

㉠ 억이 1개, 만이 9895개, 일이 3535개인 수

➡ 1억 9895만 3535

㉡ 일억 구천팔백팔십만 ➡ 1억 9880만

㉢ 131560000 ➡ 1억 3156만

억   만   일

1억 9895만 3535>1억 9880만>1억 3156만이므로
큰 수부터 차례대로 기호를 쓰면 ㉠, ㉡, ㉢입니다.

3 브라키오사우루스: 154000000년 전

억   만   일

➡ 1억 5400만 년 전

트리케라톱스: 6800만 년 전

스피노사우루스: 일억 천이백만 년 전

➡ 1억 1200만 년 전

1억 5400만>1억 1200만>6800만이므로
가장 오래전에 살았던 공룡은 브라키오사우루스입니다.

4 ❶ ㉠ 10억 큰 수는 십억의 자리 수가 1 커지므로
450억 9310만보다 10억 큰 수는 460억 9310만
입니다.

㉡ 100배 하면 수의 오른쪽 끝자리 뒤에 0이 2개 늘
어나므로

$$426210000 \xrightarrow{\;100배\;} 42621000000$$
역 만 일 　　　역 만 일
$$=426억\ 2100만$$

㉢ 억이 426개, 만이 278개인 수 ➡ 426억 278만

❷ 426억 278만<426억 2100만<460억 9310만이
므로 작은 수부터 차례대로 기호를 쓰면 ㉢, ㉡, ㉠입
니다.

5 ㉠ 10배 하면 수의 오른쪽 끝자리 뒤에 0이 1개 늘어나
므로

$$6247000 \xrightarrow{\;10배\;} 62470000=6247만$$
만 일 　　　　만 일

㉡ 만이 6982개인 수 ➡ 6982만

㉢ 200만 큰 수는 백만의 자리 수가 2 커지므로
6780만보다 200만 큰 수는 6980만입니다.

6247만<6980만<6982만이므로 작은 수부터 차례대
로 기호를 쓰면 ㉠, ㉢, ㉡입니다.

6 ㉠ 억이 1002개, 만이 85개인 수 ➡ 1002억 85만

㉡ 1000배 하면 수의 오른쪽 끝자리 뒤에 0이 3개 늘어
나므로

$$1억\ 23만=100230000$$
　　　　　　역 만 일

$$\xrightarrow{\;1000배\;} 100230000000=1002억\ 3000만$$
　　　　　　역 만 일

㉢ 4억 작은 수는 억의 자리 수가 4 작아지므로
1006억 850만보다 4억 작은 수는 1002억 850만입니
다.

1002억 3000만>1002억 850만>1002억 85만이므
로 큰 수부터 차례대로 기호를 쓰면 ㉡, ㉢, ㉠입니다.

유형 **05** □가 있는 수의 크기 비교

20쪽	**1** ❶ 예 7자리 수로 같습니다. ❷ 3은 들어갈 수 없습니다. ❸ 0, 1, 2 **답** 0, 1, 2 **2** 7, 8, 9　　　　　**3** 4, 5, 6, 7, 8, 9
21쪽	**4** ❶ 예 8자리 수로 같습니다. ❷ 9 / < ❸ ㉡　 **답** ㉡ **5** ㉡　　　　　**6** ㉠, ㉡, ㉢

---

1 ❶ 두 수 모두 7자리 수로 같습니다.

❷ 32 **3** 8257
32 □ 9246
십만의 자리까지 수가 같으므로 만과 천의 자리 수
를 비교합니다.
□=3이면 38<39로 주어진 식의 >가 <로 바뀌
므로 □ 안에는 3이 들어갈 수 없습니다.

❸ □ 안에 들어갈 수 있는 수는 3보다 작은 수인
0, 1, 2입니다.

2 두 수 모두 10자리 수이고 천만의 자리까지 수가 같으므
로 백만과 십만의 자리 수를 비교합니다.
58 7693 2517<58 7 □ 35 1302에서
□=6이면 69>63으로 주어진 식의 <가 >로 바뀌므
로 □ 안에는 6이 들어갈 수 없습니다.
따라서 □ 안에 들어갈 수 있는 수는 6보다 큰 수인
7, 8, 9입니다.

3 두 수 모두 11자리 수이고 백억의 자리 수가 같으므로
십억과 억의 자리 수를 비교합니다.
941 3065 8920<9 □ 2 5871 5304에서
□=4이면 41<42이므로
□ 안에는 4가 들어갈 수 있습니다.
따라서 □ 안에 들어갈 수 있는 수는 4이거나 4보다 큰
수인 4, 5, 6, 7, 8, 9입니다.

4 ❶ 두 수 모두 8자리 수로 같습니다.

❷ ㉠의 □ 안에 가장 큰 수 9를 넣어 크기를 비교하면
431 **9** 3578<4319 7 □ 22
　　　└─── 3<7 ───┘
➡ ㉠<㉡

❸ ㉠의 □ 안에 가장 큰 수인 9를 넣어도 ㉡이 더 크므
로 ㉠과 ㉡ 중에서 더 큰 수는 ㉡입니다.

5 두 수 모두 12자리 수이고 억의 자리까지 수가 같으므로
천만의 자리 수를 비교합니다.
㉠ 1 2 4 7 □ 5 8 9 7 5 5 6
㉡ 1 2 4 7 9 6 3 □ 4 5 7 1
㉠의 □ 안에 가장 큰 수 9를 넣었을 때
1247 **9** 589 7556<1247 963 □ 4571이므로
□ 안에 0부터 9까지 어느 수를 넣어도
1247 □ 589 7556<1247 963 □ 4571입니다.
따라서 ㉠과 ㉡ 중에서 더 큰 수는 ㉡입니다.

6 세 수 모두 11자리 수이고
십억의 자리 수가 3>2이므로 ㉢이 가장 작습니다.
㉠과 ㉡에서 백억, 십억의 자리 수가 같으므로
억의 자리 수를 비교합니다.
㉠ 33□9 8426 478
㉡ 3307□271 654
㉠의 □ 안에 가장 작은 수 0을 넣었을 때
33⓪9842 6478 > 3307□271654이므로
□ 안에 0부터 9까지 어느 수를 넣어도
33□9842 6478 > 3307□271654입니다.
⇨ ㉠>㉡
따라서 큰 수부터 차례대로 기호를 쓰면 ㉠, ㉡, ㉢입니다.

유형 **06** 수 카드로 수 만들기

22쪽

1 ❶ 작은에 ○표
❷ 0, 1, 3, 4, 5, 6, 8, 9
❸ | 1 | 0 | 3 | 4 | 5 | 6 | 8 | 9 |
답 1034 5689

2 9876543210   **3** 3003557788

23쪽

4 ❶ 8, 6, 5, 4, 3 ❷ 8 6543 ❸ 8 6453
답 8 6453

5 1 0235 6879   **6** 9977 4114

24쪽

7 ❶
| | | | 9 | | | | |
　　　만　　　일
❷ | 8 | 7 | 6 | 9 | 5 | 4 | 2 | 1 |
답 8769 5421

8 7676331100   **9** 1032456798

---

1 ❶ 가장 작은 수는 높은 자리부터 작은 수를 차례대로 놓습니다.
❷ 수 카드의 수를 비교하면
0<1<3<4<5<6<8<9
❸ 높은 자리부터 작은 수를 차례대로 쓰면 0134 5689 입니다.
이때 0은 가장 높은 자리에 올 수 없으므로 만들 수 있는 가장 작은 여덟 자리 수는 1034 5689입니다.

2 수 카드의 수를 비교하면
9>8>7>6>5>4>3>2>1>0
높은 자리부터 큰 수를 차례대로 쓰면
만들 수 있는 가장 큰 열 자리 수는 98 7654 3210입니다.

3 수 카드의 수를 비교하면 0<3<5<7<8
높은 자리부터 작은 수를 차례대로 쓰면 0033 5577 88입니다.
이때 0은 가장 높은 자리에 올 수 없으므로 만들 수 있는 가장 작은 열 자리 수는 30 0355 7788입니다.

4 ❶ 수 카드의 수를 비교하면 8>6>5>4>3
❷ 높은 자리부터 큰 수를 차례대로 쓰면 만들 수 있는 가장 큰 다섯 자리 수는 8 6543입니다.
❸ 두 번째로 큰 수: 8 6534
세 번째로 큰 수: 8 6453

5 수 카드의 수를 비교하면
0<1<2<3<5<6<7<8<9
높은 자리부터 작은 수를 차례대로 쓰면 0 1235 6789입니다.
이때 0은 가장 높은 자리에 올 수 없으므로
가장 작은 아홉 자리 수는 1 0235 6789입니다.
두 번째로 작은 아홉 자리 수: 1 0235 6798
세 번째로 작은 아홉 자리 수: 1 0235 6879

6 수 카드의 수를 비교하면 9>7>4>1
높은 자리부터 큰 수를 차례대로 쓰면 가장 큰 여덟 자리 수는 9977 4411입니다.
두 번째로 큰 여덟 자리 수: 9977 4141
세 번째로 큰 여덟 자리 수: 9977 4114

7 ❶ | | | | 9 | |
　　　만　　　일
❷ 남은 수 카드를 큰 수부터 차례대로 쓰면
| 8 | 7 | 6 | 9 | 5 | 4 | 2 | 1 | 입니다.

8 10자리 수: | | | | | | | | | | |
억의 자리에 6을 쓰면
| | 6 | | | | | | | |
억　　　만　　　일
남은 수 카드를 큰 수부터 차례대로 쓰면
| 7 | 6 | 7 | 6 | 3 | 3 | 1 | 1 | 0 | 0 |

9 10자리 수: | | | | | | | | | | |
천만의 자리에 3을 쓰면
| | 3 | | | | | | | |
억　　　만　　　일
가장 작은 수:
| 1 | 0 | 3 | 2 | 4 | 5 | 6 | 7 | 8 | 9 |
두 번째로 작은 수:
| 1 | 0 | 3 | 2 | 4 | 5 | 6 | 7 | 9 | 8 |

유형 07 조건을 모두 만족하는 수

25쪽	1	❶	3 4 1	❷	3 4 1 2
		❸ 3 4 1 5 2		답 3 4152	
	2	5 6487		3 8 5697	
26쪽	4	❶	3	7	
		❷	2 3	7	
		❸ 9 2 3 8 6 5 4 7 1 0			
		답 92 3865 4710			
	5	94 8736 5210		6 1280 3456	

1 ❶ ㉠에서 3 4000보다 크고 3 4200보다 작으므로
3 4001부터 3 4199까지의 수입니다.
⇨ 만의 자리 숫자는 3, 천의 자리 숫자는 4, 백의 자리 숫자는 0 또는 1입니다.
이때 ㉡에 의해 백의 자리 숫자는 0이 될 수 없으므로 1입니다.

❷ 남은 수는 2, 5이고 ㉢에 의해 일의 자리 숫자는 남은 수 중 짝수인 2입니다.

❸ 십의 자리 숫자는 남은 수 5이므로 조건을 모두 만족하는 수는 3 4152입니다.

2 ㉠에서 5 6000보다 크고 5 6500보다 작으므로
5 6001부터 5 6499까지의 수입니다.
⇨ 만의 자리 숫자는 5, 천의 자리 숫자는 6, 백의 자리 숫자는 0부터 4까지의 수가 들어갈 수 있습니다.
이때 ㉡에 의해 백의 자리 숫자는 0, 1, 2, 3이 될 수 없으므로 4입니다.
남은 수는 7, 8이고 ㉢에 의해 일의 자리 숫자는 남은 수 중 홀수인 7입니다.
십의 자리 숫자는 남은 수 8이므로
조건을 모두 만족하는 수는 5 6487입니다.

3 ㉠에서 8 5000보다 크고 8 5700보다 작으므로
8 5001부터 8 5699까지의 수입니다.
⇨ 만의 자리 숫자는 8, 천의 자리 숫자는 5, 백의 자리 숫자는 0부터 6까지의 수가 들어갈 수 있습니다.
이때 ㉡에 의해 백의 자리 숫자는 0, 1, 2, 3, 4, 5가 될 수 없으므로 6입니다.
남은 수는 7, 9이고 ㉢에 의해 십의 자리 숫자는 더 큰 수인 9입니다.
일의 자리 숫자는 남은 수 7이므로
조건을 모두 만족하는 수는 8 5697입니다.

4 ❶

		3			7	
억			만			일

❷ 백의 자리 숫자는 7이므로
㉢에 의해
• (억의 자리 수)−7=5인 경우
만족하는 억의 자리 수가 없습니다.
• 7−(억의 자리 수)=5인 경우
(억의 자리 수)=7−5=2

❸ 남은 수 0, 1, 4, 5, 6, 8, 9를 높은 자리부터 큰 수를 차례대로 놓으면 조건을 모두 만족하는 가장 큰 수는 92 3865 4710입니다.

5 ㉡을 보고 억의 자리에 4, 만의 자리에 6을 쓰면

	4			6		

억의 자리 숫자는 4이므로
㉢에 의해 4+(십만의 자리 수)=7,
(십만의 자리 수)=7−4=3
남은 수 0, 1, 2, 5, 7, 8, 9를 높은 자리부터 큰 수를 차례대로 놓으면 조건을 모두 만족하는 가장 큰 수는
94 8736 5210입니다.

6 ㉡에 의해
• 백만의 자리 수가 1이면
십만의 자리 수는 1×4=4이고
이 경우 가장 작은 수는 2140 3567입니다.
• 백만의 자리 수가 2이면
십만의 자리 수는 2×4=8이고
이 경우 가장 작은 수는 1280 3456입니다.
2140 3567>1280 3456이므로 조건을 모두 만족하는 수 중에서 가장 작은 수는 1280 3456입니다.

유형 08 뛰어 세기의 활용

27쪽	1	❶ 10억	❷ 2억	❸ 14억	답 14억
	2	80조		3 1억 7000만	
28쪽	4	❶ 1억 2000만 원		❷ 3000만 원	
		❸ 3억 1000만 원		답 3억 1000만 원	
	5	5조 5000억 원		6 2021년	
29쪽	7	❶ 9900만, 9600만, 9300만, 9000만			
		❷ 9300만 명		답 9300만 명	
	8	1억 9500만 명		9 560만 명	

1 ❶ (10억과 20억 사이의 크기)
＝20억－10억＝10억

❷ 눈금 5칸이 10억을 나타내므로
눈금 한 칸은 10억÷5＝2억을 나타냅니다.

❸
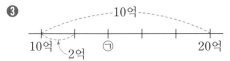

10억에서 2억씩 2번 뛰어 세면
10억－12억－14억이므로
㉠이 나타내는 수는 14억입니다.

2 눈금 4칸이 100조－20조＝80조를 나타내므로
눈금 한 칸은 80조÷4＝20조를 나타냅니다.

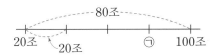

20조에서 20조씩 3번 뛰어 세면
20조－40조－60조－80조이므로
㉠이 나타내는 수는 80조입니다.

> **다른 풀이**
>
> 눈금 4칸이 100조－20조＝80조를 나타내므로
> 눈금 한 칸은 20조를 나타냅니다.
> ㉠이 나타내는 수는 100조에서 20조씩 작아지게 1번 뛰어 센
> 수이므로 80조입니다.

3 눈금 7칸이 2억－1억 3000만＝7000만을 나타내므로
눈금 한 칸은 7000만÷7＝1000만을 나타냅니다.

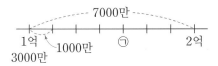

1억 3000만에서 1000만씩 4번 뛰어 세면
1억 3000만－1억 4000만－1억 5000만－1억 6000만
－1억 7000만이므로
㉠이 나타내는 수는 1억 7000만입니다.

4 ❶ (2017년부터 2021년까지 늘어난 매출액)
＝3억 7000만－2억 5000만＝1억 2000만 (원)

❷ 2021－2017＝4(년) 동안 매출액이 1억 2000만
원 늘었습니다.
1억 2000만＝1 2000만이고
1 2000만÷4＝3000만이므로
매년 매출액은 3000만 원씩 늘었습니다.

❸ 2019년 매출액은 2억 5000만 원에서 3000만 원씩
2번 뛰어 센 금액입니다.
2억 5000만 원－2억 8000만 원－3억 1000만 원
　　(2017년)　　　　(2018년)　　　　(2019년)
따라서 2019년 매출액은 3억 1000만 원입니다.

5 2021－2014＝7(년) 동안 수출액이
6조 7000억－3조 9000억＝2조 8000억 (원) 늘었습니다.
2조 8000억＝2 8000억이고
2 8000억÷7＝4000억이므로
수출액은 1년에 4000억 원씩 늘었습니다.
2018년 수출액은 3조 9000억 원에서 4000억 원씩 4번
뛰어 센 금액입니다.
3조 9000억 원－4조 3000억 원－4조 7000억 원
　　(2014년)　　　　(2015년)　　　　(2016년)
－5조 1000억 원－5조 5000억 원
　　(2017년)　　　　(2018년)
따라서 2018년 수출액은 5조 5000억 원입니다.

6 2018－2013＝5(년) 동안 수출액이
25억 5000만－24억 5000만＝1억 (원) 늘어났습니다.
1억＝1 0000만이고 1 0000만÷5＝2000만이므로
매년 수출액은 2000만 원씩 늘어납니다.
25억 5000만 원에서 2000만 원씩 뛰어 세어 26억 원이
넘는 해를 알아보면
25억 5000만 원－25억 7000만 원－25억 9000만 원
　　(2018년)　　　　(2019년)　　　　(2020년)
－26억 1000만 원
　　(2021년)
따라서 26억 원이 넘는 해는 2021년입니다.

7 ❶ 1억 200만－9900만－9600만－9300만－9000만
　(2018년)　(2019년)　(2020년)　(2021년)　(2022년)

❷ 2021년 인구는 1억 200만 명에서 300만 명씩 작아
지게 3번 뛰어 센 수이므로 9300만 명입니다.

8 인구가 매년 400만 명씩 줄어들었으므로
2020년 인구는 2억 1500만 명에서 400만 명씩 작아지
게 5번 뛰어 센 수입니다.
2억 1500만 명－2억 1100만 명－2억 700만 명
　　(2015년)　　　　(2016년)　　　　(2017년)
－2억 300만 명－1억 9900만 명－1억 9500만 명
　　(2018년)　　　　(2019년)　　　　(2020년)
따라서 2020년 인구는 1억 9500만 명입니다.

9 인구가 매년 760만－710만＝50만 (명)씩 줄어들므로
2022년 인구는 710만 명에서 50만 명씩 작아지게 3번
뛰어 센 수입니다.
710만 명－660만 명－610만 명－560만 명
(2019년)　(2020년)　(2021년)　(2022년)
따라서 2022년 인구는 560만 명입니다.

유형 09 처음 수 구하기		

30쪽	1 ❶ 175조, 185조, 195조, 205조 ❷ 185조
	답 185조
	2 973만 3 2조 4350억
31쪽	4 ❶ 1만, 10만, 100만, 1000만
	❷ 100만 마리 답 100만 마리
	5 7000마리 6 230

단원 1 유형 마스터		

32쪽	01 8689만 원 (또는 8689 0000원)	
	02 11개	03 1 0000배
33쪽	04 0, 1, 2, 3, 4, 5, 6	05 16억 5000만
	06 52장	
34쪽	07 47억 5000만 원	08 ㉡
	09 100 m	
35쪽	10 34조 290억	11 12개
	12 3 4907 6852	

1 ❶ 215조에서 10조씩 작아지게 뛰어 세어 빈칸에 써넣습니다.

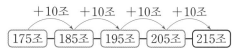

$+10$조 $+10$조 $+10$조 $+10$조

175조 — 185조 — 195조 — 205조 — 215조

❷ 어떤 수는 215조에서 10조씩 작아지게 3번 뛰어 센 수이므로 185조입니다.

2 어떤 수는 1473만에서 100만씩 작아지게 5번 뛰어 센 수입니다.
1473만 − 1373만 − 1273만 − 1173만 − 1073만 − 973만
따라서 어떤 수는 973만입니다.

3 어떤 수는 8350억에서 4000억씩 커지게 4번 뛰어 센 수입니다.
8350억 − 1조 2350억 − 1조 6350억 − 2조 350억
    − 2조 4350억
따라서 어떤 수는 2조 4350억입니다.

4 ❶
10배   10배   10배   10배
1만 — 10만 — 100만 — 1000만 — 1억

❷ 2달 전 미생물 수는 10배로 2번 커지기 전 수이므로 2달 전에는 100만 마리였습니다.

5 4주일 전 미생물 수는 10배로 4번 커지기 전 수이므로
7000만 − 700만 − 70만 − 7만 − 7000
따라서 4주일 전에는 7000마리였습니다.

6 처음에 들어간 수는 100배로 3번 커지기 전 수이므로
2 3000 0000 − 230 0000 − 2 3000 − 230
따라서 처음에 들어간 수는 230입니다.

01 1000만 원짜리 수표 4장 ⇨ 4000만 원
  100만 원짜리 수표 41장 ⇨ 4100만 원
   10만 원짜리 수표 58장 ⇨ 580만 원
     만 원짜리 지폐 9장 ⇨   9만 원
                        예금된 돈 ⇨ 8689만 원

02 조가 1600개, 만이 503개, 일이 2개인 수
⇨ 1600조 503만 2
⇨ 1 6 0 0 0 0 0 0 0 0 5 0 3 0 0 0 2
     조   억   만   일
따라서 0은 모두 11개입니다.

03 ㉠은 십조, ㉡은 십억의 자리 숫자이므로
㉠ 6 0 0 0 0 0 0 0 0 0 0 0 0 0 0 0
㉡   6 0 0 0 0 0 0 0 0 0
따라서 ㉠이 나타내는 값은 ㉡이 나타내는 값의 10000배입니다.

04 두 수 모두 13자리 수이고 백억의 자리까지 수가 같으므로 십억과 억의 자리 수를 비교합니다.
1 9564 6871 2580 > 1 95□1 7903 3476에서
□=6이면 64 > 61이므로
□ 안에는 6이 들어갈 수 있습니다.
따라서 □ 안에 들어갈 수 있는 수는 6이거나 6보다 작은 수인 0, 1, 2, 3, 4, 5, 6입니다.

05 눈금 3칸이 16억 9000만 − 16억 3000만 = 6000만을 나타내므로 눈금 한 칸은 6000만 ÷ 3 = 2000만을 나타냅니다.

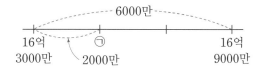

6000만

16억   ㉠   16억
3000만   2000만   9000만

16억 3000만에서 2000만씩 1번 뛰어 세면
16억 3000만 − 16억 5000만이므로
㉠이 나타내는 수는 16억 5000만입니다.

06

1000만 원짜리 수표   5장 ⇨ 5000만 원
만 원짜리 지폐 240장 ⇨ 240만 원
─────────────────────────
돈 ⇨ 5240만 원

5240만은 100만이 52개, 10만이 4개인 수입니다.
수표의 수를 가장 적게 하여 바꾸려면 100만 원짜리 수표로 가능한 많이 바꿔야 하므로 5240만 원은 100만 원짜리 수표 52장, 10만 원짜리 수표 4장으로 바꿔야 합니다.

07

매년 매출액이 35억−32억 5000만=2억 5000만 (원)씩 늘었으므로
2022년 매출액은 35억 원에서 2억 5000만 원씩 5번 뛰어 센 금액입니다.

35억 원−37억 5000만 원−40억 원−42억 5000만 원
(2017년)　(2018년)　(2019년)　(2020년)
−45억 원−47억 5000만 원
(2021년)　(2022년)

따라서 2022년 매출액은 47억 5000만 원입니다.

08

㉠과 ㉡은 12자리 수이고 ㉢은 14자리 수이므로
㉢이 가장 큽니다.
㉠과 ㉡에서 십억의 자리까지 수가 같으므로
억의 자리 수를 비교합니다.
㉠ 284□3589 2□02
㉡ 284 0 154□ 8 9 31
㉠의 억의 자리 □ 안에 가장 작은 수 0을 넣었을 때
284⓪3589 2□02＞2840 154□8931이므로
□ 안에 0부터 9까지 어느 수를 넣어도
284□3589 2□02＞2840 154□8931입니다.
⇨ ㉠＞㉡
㉢＞㉠＞㉡이므로 가장 작은 수는 ㉡입니다.

09

1 0 0 0 0 0 0 0 0 0 0 0
　　　억　　　만　　　일

⇨ 만이 100 0000개인 수
100억 원은 만 원짜리 지폐로 100 0000장입니다.
100 0000장은 1000장의 1000배이므로
만 원짜리 지폐로 100억 원을 쌓는다면
높이는 10 cm의 1000배인 1 0000 cm입니다.
→ 100 cm=1 m이므로 1 0000 cm=100 m

10

어떤 수는 33조 6690억에서 100억씩 작아지게 4번 뛰어 센 수입니다.
33조 6690억−33조 6590억−33조 6490억
−33조 6390억−33조 6290억
어떤 수는 33조 6290억이므로
33조 6290억에서 1000억씩 커지게 4번 뛰어 세면
33조 6290억−33조 7290억−33조 8290억
−33조 9290억−34조 290억
따라서 바르게 뛰어 세면 34조 290억입니다.

11

2 8000보다 작은 수는 만의 자리 숫자는 2이고, 천의 자리 숫자는 4 또는 7이 될 수 있습니다.
⇨ [2][4][ ][ ][ ] 또는 [2][7][ ][ ][ ]
백, 십, 일의 자리에 남은 수를 쓰면
[2][4][7][8][9], [2][4][7][9][8],
[2][4][8][7][9], [2][4][8][9][7],
[2][4][9][7][8], [2][4][9][8][7],
[2][7][4][8][9], [2][7][4][9][8],
[2][7][8][4][9], [2][7][8][9][4],
[2][7][9][4][8], [2][7][9][8][4]
따라서 만들 수 있는 수 중에서 2 8000보다 작은 수는 모두 12개입니다.

12

㉡을 보고 억의 자리에 3, 십만의 자리에 0을 쓰면
[3][ ][ ][0][ ][ ][ ][ ]
억의 자리 숫자는 3이므로
㉢에 의해
• (천만의 자리 수)−3=1인 경우
  (천만의 자리 수)=1+3=4
  ㉣에 의해 (백의 자리 수)=4×2=8
  남은 수 1, 2, 5, 6, 7, 9를 높은 자리부터 큰 수를 차례대로 놓으면 3 4907 6852입니다.
• 3−(천만의 자리 수)=1인 경우
  (천만의 자리 수)=3−1=2
  ㉣에 의해 (백의 자리 수)=2×2=4
  남은 수 1, 5, 6, 7, 8, 9를 높은 자리부터 큰 수를 차례대로 놓으면 3 2908 7465입니다.
3 4907 6852＞3 2908 7465이므로
가장 큰 수는 3 4907 6852입니다.

2 각도

	유형 01 예각, 둔각의 개수	
38쪽	1 ❶ 각 1개짜리: 4개, 각 2개짜리: 3개, 각 3개짜리: 2개 ❷ 9개 답 9개	
	2 11개	3 5개
39쪽	4 ❶ 각 4개짜리: 3개, 각 5개짜리: 2개 ❷ 5개 답 5개	
	5 5개	6 7개

1 ❶

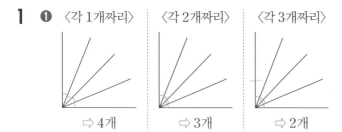

〈각 1개짜리〉 ⇨ 4개 　〈각 2개짜리〉 ⇨ 3개 　〈각 3개짜리〉 ⇨ 2개

❷ 찾을 수 있는 크고 작은 예각은 모두
4+3+2=9(개)입니다.

2 각 1개짜리, 2개짜리로 이루어진 예각을 각각 찾으면

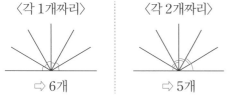

〈각 1개짜리〉 ⇨ 6개 　〈각 2개짜리〉 ⇨ 5개

따라서 찾을 수 있는 크고 작은 예각은 모두
6+5=11(개)입니다.

3 각 1개짜리, 2개짜리로 이루어진 예각을 각각 찾으면

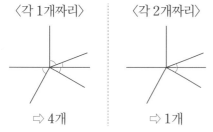

〈각 1개짜리〉 ⇨ 4개 　〈각 2개짜리〉 ⇨ 1개

따라서 찾을 수 있는 크고 작은 예각은 모두
4+1=5(개)입니다.

4 ❶

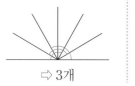

〈각 4개짜리〉 ⇨ 3개 　〈각 5개짜리〉 ⇨ 2개

❷ 찾을 수 있는 크고 작은 둔각은 모두 3+2=5(개)입니다.

5 각 2개짜리, 3개짜리, 4개짜리로 이루어진 둔각을 각각 찾으면

〈각 2개짜리〉 ⇨ 1개 　〈각 3개짜리〉 ⇨ 2개 　〈각 4개짜리〉 ⇨ 2개

따라서 찾을 수 있는 크고 작은 둔각은 모두
1+2+2=5(개)입니다.

6 각 1개짜리, 2개짜리, 3개짜리, 4개짜리로 이루어진 둔각을 각각 찾으면

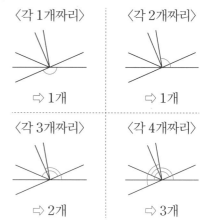

〈각 1개짜리〉 ⇨ 1개 　〈각 2개짜리〉 ⇨ 1개
〈각 3개짜리〉 ⇨ 2개 　〈각 4개짜리〉 ⇨ 3개

따라서 찾을 수 있는 크고 작은 둔각은 모두
1+1+2+3=7(개)입니다.

	유형 02 직선을 똑같이 나누기	
40쪽	1 ❶ 30° ❷ 60° 답 60°	
	2 120°	3 54°
41쪽	4 ❶ 30° ❷ 60° 답 60°	
	5 120°	6 150°
42쪽	7 ❶ 30° ❷ 15° ❸ 45° 답 45°	
	8 105°	9 130°

1 ❶ 가장 작은 각 한 개의 각도는 직선을 크기가 같은 각 6개로 나눈 것 중의 하나이므로
(가장 작은 각 한 개의 각도)=180°÷6=30°

❷ 각 ㄱㅇㄷ의 크기는 가장 작은 각 2개의 각도와 같으므로
(각 ㄱㅇㄷ)=(가장 작은 각 한 개의 각도)×2
=30°×2=60°

다른 풀이
각 ㄱㅇㄷ의 크기는 직선을 크기가 같은 각 3개로 나눈 것 중의 하나와 같으므로 (각 ㄱㅇㄷ)=180°÷3=60°

2 가장 작은 각 한 개의 각도는 직선을 크기가 같은 각 9개
로 나눈 것 중의 하나이므로
(가장 작은 각 한 개의 각도)$=180°÷9=20°$
각 ㄴㅇㅈ의 크기는 가장 작은 각 6개의 각도와 같으므로
(각 ㄴㅇㅈ)$=20°×6=120°$

3 가장 작은 각 한 개의 각도는 직각을 크기가 같은 각 5개
로 나눈 것 중의 하나이므로
(가장 작은 각 한 개의 각도)$=90°÷5=18°$
각 ㄱㅇㄹ의 크기는 가장 작은 각 3개의 각도와 같으므로
(각 ㄱㅇㄹ)$=18°×3=54°$

4 ❶ 숫자 한 칸의 각도는 직각을 크기가 같은 각 3개로
나눈 것 중의 하나이므로
(숫자 한 칸의 각도)$=90°÷3=30°$
❷ 2시일 때 시계의 긴바늘과 짧은바늘이 이루는 작은 쪽
의 각도는 숫자 2칸이므로 $30°×2=60°$입니다.

5 숫자 한 칸의 각도는 $30°$이고
4시일 때 시계의 긴바늘과 짧은바늘이 이루는 작은 쪽의
각도는 숫자 4칸이므로 $30°×4=120°$입니다.

6 숫자 한 칸의 각도는 $30°$이고
7시일 때 시계의 긴바늘과 짧은바늘이
이루는 작은 쪽의 각도는 숫자 5칸이
므로 $30°×5=150°$입니다.

7 ❶ (숫자 한 칸의 각도)$=90°÷3=30°$
❷ (숫자 반 칸의 각도)$=$(숫자 한 칸의 각도)$÷2$
$=30°÷2=15°$
❸ 4시 30분일 때 시계의 긴바늘과 짧은바늘이 이루는
작은 쪽의 각도는 숫자 한 칸과 숫자 반 칸의 각도를
합한 것과 같으므로 $30°+15°=45°$입니다.

8 숫자 한 칸의 각도는 $30°$이고, 숫자
반 칸의 각도는 $15°$입니다.
2시 30분일 때 시계의 긴바늘과 짧은
바늘이 이루는 작은 쪽의 각도는 직각
과 숫자 반 칸의 각도를 합한 것과 같으므로
$90°+15°=105°$입니다.
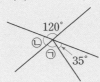

9 숫자 한 칸의 각도는 $30°$이므로 짧은바
늘은 한 시간 동안 $30°$를 움직입니다.
⇨ 20분 동안에는 $30°÷3=10°$를 움
직이므로 8시 20분일 때 시계의 긴
바늘과 짧은바늘이 이루는 작은 쪽의 각도는 숫자 4칸
의 각도와 $10°$를 합한 것과 같습니다.
(숫자 4칸의 각도)$=30°×4=120°$
따라서 8시 20분일 때 시계의 긴바늘과 짧은바늘이 이루
는 작은 쪽의 각도는 $120°+10°=130°$입니다.

	유형 **03** 직선의 활용		
43쪽	**1** ❶ 50 ❷ 70° 답 70°		
	2 85°		**3** 25
44쪽	**4** ❶ 60 ❷ 120° 답 120°		
	5 110°		**6** 40°
45쪽	**7** ❶ 85 ❷ 125° 답 125°		
	8 160°		**9** 80°
46쪽	**10** ❶ 180 ❷ 360° 답 360°		
	11 360°		**12** 360°

1 ❶ 직선 ㄴㅁ이 이루는 각도는 $180°$이므로
$□+130°=180°$ ⇨ $□=180°-130°=50°$
❷ 직선 ㄱㄹ이 이루는 각도는
$180°$이므로
$50°+㉠+60°=180°$
⇨ $㉠=180°-50°-60°$
$=70°$
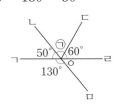

2 한 직선이 이루는 각도는 $180°$이므로
$120°+㉡=180°$
⇨ $㉡=180°-120°=60°$
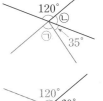

한 직선이 이루는 각도는 $180°$이므로
$60°+35°+㉠=180°$
⇨ $㉠=180°-60°-35°=85°$

> **참고**
> 다음과 같이 ㉡의 각도를 구한 후 ㉠의 각도를 구할 수도 있습
> 니다.
> $㉡=180°-120°=60°$
> $㉠=180°-60°-35°=85°$

3 한 직선이 이루는 각도는 $180°$이
므로
$㉠=180°-115°-25°=40°$
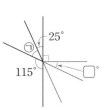

한 직선이 이루는 각도는 $180°$,
직각은 $90°$이므로
$□=180°-40°-25°-90°$
$=25°$
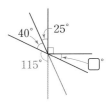

4 ❶ 사각형의 네 각의 크기의 합은 360°이므로
$80° + 140° + \square + 80° = 360°$
$\Rightarrow \square = 360° - 80° - 140° - 80° = 60°$

❷ 한 직선이 이루는 각도는
180°이므로
$\bigcirc = 180° - 60° = 120°$

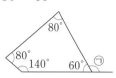

5 사각형의 네 각의 크기의 합은
360°이므로
$80° + \bigcirc + 95° + 115° = 360°$
$\Rightarrow \bigcirc = 360° - 80° - 95° - 115°$
$= 70°$
한 직선이 이루는 각도는 180°이
므로
$\bigcirc = 180° - 70° = 110°$

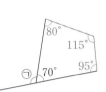

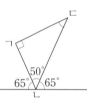

6 한 직선이 이루는 각도는 180°이므로
$(각 ㄱㄴㄷ) = 180° - 65° - 65° = 50°$
삼각형의 세 각의 크기의 합은
180°이므로
$(각 ㄱㄷㄴ) = 180° - 90° - 50°$
$= 40°$

7 ❶ 한 직선이 이루는 각도는 180°이므로
$\square = 180° - 95° = 85°$

❷ 사각형의 네 각의 크기의 합은
360°이므로
$\bigcirc + \bigcirc = 360° - 85° - 150°$
$= 125°$

8 한 직선이 이루는 각도는 180°
이므로
$\bigcirc = 180° - 110° = 70°$
사각형의 네 각의 크기의 합은
360°이므로
$\bigcirc + \bigcirc = 360° - 70° - 130°$
$= 160°$

9 삼각형의 세 각의 크기의 합
은 180°이므로
$\bigcirc = 180° - 45° - 35°$
$= 100°$
한 직선이 이루는 각도는
180°이므로
$\bigcirc + \bigcirc = 180° - 100°$
$= 80°$

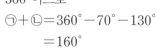
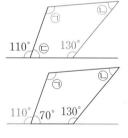
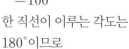
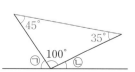

10 ❶ 세 직선이 이루는 각도의 합에서 삼각형의 세 각의
크기의 합을 빼면 $\bigcirc + \bigcirc + \bigcirc$을 구할 수 있습니다.
$180° + 180° + 180° - 180° = \bigcirc + \bigcirc + \bigcirc$

❷ $540° - 180° = \bigcirc + \bigcirc + \bigcirc$,
$\bigcirc + \bigcirc + \bigcirc = 360°$

11

네 직선이 이루는 각도의 합에서 사각형의 네 각의 크기
의 합을 빼면 $\bigcirc + \bigcirc + \bigcirc + \bigcirc$을 구할 수 있습니다.
$180° + 180° + 180° + 180° - 360° = \bigcirc + \bigcirc + \bigcirc + \bigcirc$,
$\bigcirc + \bigcirc + \bigcirc + \bigcirc = 360°$

12

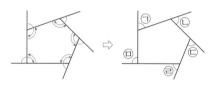

다섯 직선이 이루는 각도의 합에서 오각형의 다섯 각의
크기의 합을 빼면 $\bigcirc + \bigcirc + \bigcirc + \bigcirc + \bigcirc$을 구할 수 있습
니다.
$180° + 180° + 180° + 180° + 180° - 540°$
$= \bigcirc + \bigcirc + \bigcirc + \bigcirc + \bigcirc$,
$\bigcirc + \bigcirc + \bigcirc + \bigcirc + \bigcirc = 360°$

> **참고**
> 모든 다각형의 외각의 크기의 합은 360°입니다.

> 🔗 **3권 2단원 유형 05 Ⓐ**
> 오각형의 다섯 각의 크기의 합을 구하는 방법을 학습합니다.

	유형 **04** 복잡한 도형에서 각도 구하기		
47쪽	1 ❶ 30 ❷ 30° 답 30°		
	2 85°		3 75°
48쪽	4 ❶ 45 ❷ 130° 답 130°		
	5 135°		6 145°

1 ❶ 직사각형은 네 각이 모두 90°이므로
$\square = 90° - 60° = 30°$

❷ 삼각형의 세 각의 크기의 합은
180°이므로
$\bigcirc = 180° - 120° - 30° = 30°$

2 직각삼각형 ㄱㄴㄹ에서
(각 ㄴㄱㄹ)=90°이므로
(각 ㄴㄱㄷ)=90°−35°=55°
삼각형 ㄱㄴㄷ의 세 각의 크
기의 합은 180°이므로
(각 ㄱㄷㄴ)
=180°−55°−40°=85°

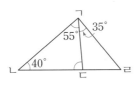

3 직사각형은 네 각이 모두 90°이므로
ⓒ=90°−25°=65°
ⓒ=90°−50°=40°

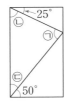

삼각형의 세 각의 크기의 합은 180°이므로
㉠=180°−65°−40°=75°

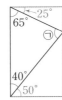

4 삼각형 ㄱㄷㄹ의 세 각의 크기의 합은 180°이므로
□=180°−85°−50°=45°

❷

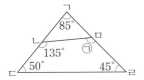

사각형 ㄴㄷㄹㅁ의 네 각의 크기의 합은 360°이므로
㉠=360°−135°−50°−45°
=130°

> **다른 풀이**
>
> 한 직선이 이루는 각도는 180°
> 이므로
> ⓒ=180°−135°=45°
> 삼각형의 세 각의 크기의 합은
> 180°이므로
> ⓒ=180°−85°−45°=50°
> 한 직선이 이루는 각도는 180°이므로
> ㉠=180°−50°=130°
>
>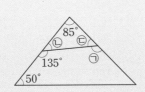

5 삼각형의 세 각의 크기의 합은
180°이므로
ⓒ=180°−55°−30°=95°
사각형의 네 각의 크기의 합은
360°이므로
㉠=360°−55°−95°−75°
=135°

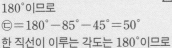

6 직사각형은 네 각이 모두 90°이므로
(각 ㄴㄱㅅ)=(각 ㄱㅅㅂ)=90°
사각형 ㄱㄴㅂㅅ의 네 각의 크기의 합은 360°이므로
(각 ㄱㄴㅂ)=360°−90°−105°−90°=75°
선분 ㅇㄹ이 이루는 각도는 180°이므로
(각 ㄴㅈㅇ)=180°−130°=50°
사각형 ㄱㄴㅈㅇ의 네 각의
크기의 합은 360°이므로
(각 ㄱㅇㅈ)
=360°−90°−75°−50°
=145°

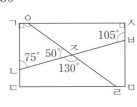

유형 **05** 도형에 선을 그어 각도 구하기

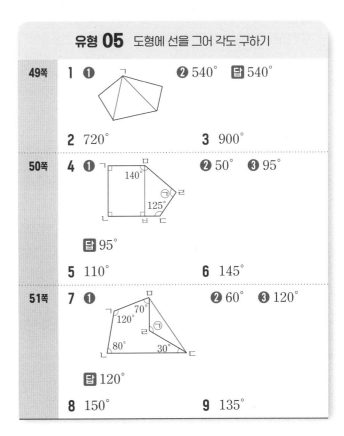

49쪽	**1** ❶ ❷ 540° 답 540°
	2 720° **3** 900°
50쪽	**4** ❶ ❷ 50° ❸ 95°
	답 95°
	5 110° **6** 145°
51쪽	**7** ❶ ❷ 60° ❸ 120°
	답 120°
	8 150° **9** 135°

1 ❶ 오각형에 선을 그어 삼각형 3개
로 나눌 수 있습니다.
❷ (오각형의 다섯 각의 크기의 합)
=(삼각형의 세 각의 크기의 합)×3
=180°×3=540°

2 육각형에 선을 그어 삼각형 4개로
나눌 수 있습니다.
(육각형의 여섯 각의 크기의 합)
＝(삼각형의 세 각의 크기의 합)×4
＝180°×4＝720°

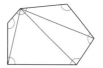

참고

■각형에 선을 그어 삼각형 (■−2)개로 나눌 수 있습니다.

다른 풀이

육각형에 선을 그어 사각형 2개로 나눌 수
있습니다.
(육각형의 여섯 각의 크기의 합)
＝(사각형의 네 각의 크기의 합)×2
＝360°×2＝720°

3 칠각형에 선을 그어 삼각형 5개로
나눌 수 있습니다.
(칠각형의 일곱 각의 크기의 합)
＝(삼각형의 세 각의 크기의 합)×5
＝180°×5＝900°

참고

칠각형을 사각형 2개와 삼각형 1개로 나누어 구할 수도 있습니다.

4 ❶
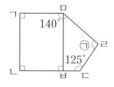

❷ 수선을 그으면 (각 ㄱㅁㅂ)＝(각 ㄴㅂㅁ)＝90°이므로
(각 ㄹㅁㅂ)＝140°−90°＝50°

❸ 사각형 ㅁㅂㄷㄹ의 네 각의 크기의 합은 360°이므로
㉠＝360°−50°−90°−125°＝95°

다른 풀이

오각형의 다섯 각의 크기의 합은 540°이므로
㉠＝540°−90°−90°−125°−140°＝95°

5 수선을 그어 사각형 2개로 나눕니다.
㉡＝150°−90°＝60°

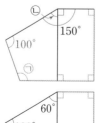

사각형의 네 각의 크기의 합은
360°이므로
㉠＝360°−60°−100°−90°
　＝110°

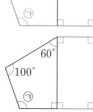

다른 풀이

점 ㄴ에서 변 ㅁㄹ에 수선 ㄴㅂ을
긋습니다.
사각형 ㄱㄴㅂㅁ의 네 각의 크기
의 합은 360°이므로
㉡＝360°−150°−90°−90°＝30°
⇨ ㉢＝100°−30°＝70°
사각형 ㄴㄷㄹㅂ의 네 각의 크기의 합은 360°이므로
㉠＝360°−70°−90°−90°＝110°

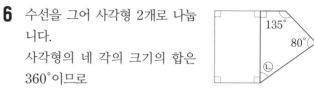

6 수선을 그어 사각형 2개로 나눕
니다.
사각형의 네 각의 크기의 합은
360°이므로
㉡＝360°−90°−135°−80°＝55°
㉠＝90°+55°＝145°

7 ❶
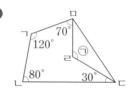

❷ 사각형 ㄱㄴㄷㅁ의 네 각의 크기의 합은 360°이므로
(각 ㄷㅁㄹ)+(각 ㅁㄷㄹ)
＝360°−70°−120°−80°−30°＝60°

❸ 삼각형 ㅁㄷㄹ의 세 각의 크기의 합은 180°이므로
㉠+(각 ㄷㅁㄹ)+(각 ㅁㄷㄹ)＝180°,
㉠+60°＝180° ⇨ ㉠＝180°−60°＝120°

다른 풀이

한 변을 길게 그어 만든 사각형의 네
각의 크기의 합은 360°이므로
㉡＝360°−70°−120°−80°＝90°
㉢＝180°−㉡＝180°−90°＝90°
삼각형에서
㉣＝180°−90°−30°＝60°
㉠＝180°−㉣＝180°−60°＝120°

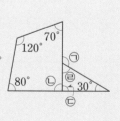

8 선분 ㄴㄹ을 그었을 때
사각형 ㄱㄴㄹㅁ의 네 각의
크기의 합은 360°이므로
㉡+㉢
＝360°−150°−35°−40°−105°
＝30°
삼각형 ㄷㄴㄹ의 세 각의 크기의 합은 180°이므로
㉠+㉡+㉢＝180°, ㉠+30°＝180°
⇨ ㉠＝180°−30°＝150°

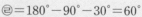

9 선분 ㄱㄷ을 그었을 때
삼각형 ㄱㄴㄷ의 세 각의 크기의
합은 180°이므로
(각 ㄷㄱㄹ)+(각 ㄱㄷㄹ)
=180°-45°-55°-35°=45°
삼각형 ㄱㄹㄷ의 세 각의 크기의 합은 180°이므로
(각 ㄱㄹㄷ)+(각 ㄷㄱㄹ)+(각 ㄱㄷㄹ)=180°,
(각 ㄱㄹㄷ)+45°=180°
⇨ (각 ㄱㄹㄷ)=180°-45°=135°

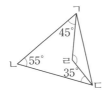

유형 **06** 직각 삼각자에서 각도 구하기

52쪽	**1**	❶ ㉡45°, ㉢60°	❷105°	**답** 105°
	2	15°	**3**	75°
53쪽	**4**	❶ ㉡60°, ㉢45°	❷75°	**답** 75°
	5	105°	**6**	165°

1 ❶ 직각 삼각자에서
　㉡=180°-45°-90°=45°
　㉢=180°-30°-90°=60°
❷ ㉠=㉡+㉢=45°+60°=105°

2 ㉡=180°-45°-90°=45°
㉢=180°-60°-90°=30°
⇨ ㉠=㉡-㉢
　　=45°-30°=15°

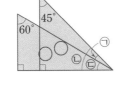

3 ㉡=180°-30°-90°
　　=60°
㉢=180°-45°-90°
　　=45°
한 직선이 이루는 각도는
180°이므로
㉠=180°-㉡-㉢=180°-60°-45°=75°

4 ❶ 직각 삼각자에서
　㉡=180°-30°-90°=60°
　㉢=180°-45°-90°=45°
❷ 삼각형의 세 각의 크기의 합은 180°이므로
　㉠=180°-60°-45°=75°

---

5 ㉡=180°-45°-90°=45°
㉢=180°-90°-60°=30°

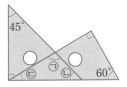

삼각형의 세 각의 크기의 합은
180°이므로
㉠=180°-30°-45°
　　=105°

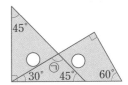

6 ㉡=180°-45°-90°=45°
㉢=180°-30°-90°=60°

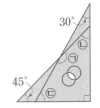

사각형의 네 각의 크기의 합은 360°
이므로
㉠=360°-45°-90°-60°
　　=165°

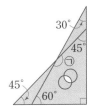

유형 **07** 접은 종이에서 각도 구하기

54쪽	**1**	❶ 70	❷40°	**답** 40°
	2	30°	**3**	60°
55쪽	**4**	❶50°	❷40°	❸50° **답** 50°
	5	30°	**6**	55°

1 ❶ 접었을 때 겹치는 각의 크기는 같으므로
　☐=70°
❷ 한 직선이 이루는 각도는 180°이므로
　㉠=180°-70°-70°=40°

2 접었을 때 겹치는 각의 크기는 같으므
로 ㉡=75°
한 직선이 이루는 각도는 180°이므로
㉠=180°-75°-75°=30°

3 접었을 때 겹치는 각의 크기는 같으므로
(각 ㅁㄱㅂ)=(각 ㅁㄱㄴ)=15°
직사각형은 네 각이 모두 90°이므로
(각 ㅂㄱㄹ)=90°-15°-15°=60°

4 ❶ 접었을 때 겹치는 각의 크기는 같으므로
(각 ㅁㄹㄴ)=(각 ㄷㄹㄴ)=25°
⇨ (각 ㅁㄹㄷ)=25°+25°=50°
❷ 직사각형은 네 각이 모두 90°이므로
(각 ㄱㄹㅂ)=90°-50°=40°
❸ 삼각형 ㄱㅂㄹ의 세 각의 크기의 합은 180°이므로
(각 ㄱㅂㄹ)=180°-90°-40°=50°

> **다른 풀이**
> 접었을 때 겹치는 각의 크기는 같으므로
> (각 ㅁㄹㄴ)=(각 ㄷㄹㄴ)=25°
> ⇨ (각 ㅁㄹㄷ)=25°+25°=50°
> 사각형 ㅂㄴㄷㄹ의 네 각의 크기의 합은 360°이므로
> (각 ㄴㅂㄹ)=360°-90°-90°-50°=130°
> 한 직선이 이루는 각도는 180°이므로
> (각 ㄱㅂㄹ)=180°-130°=50°

5 접었을 때 겹치는 각의 크기는 같으므로
(각 ㅁㄴㄹ)=(각 ㄷㄴㄹ)=15°
⇨ (각 ㅁㄴㄷ)=15°+15°=30°
직사각형은 네 각이 모두 90°이므로
(각 ㄱㄴㅂ)=90°-30°=60°
삼각형 ㄱㄴㅂ의 세 각의 크기의 합은 180°이므로
(각 ㄱㅂㄴ)=180°-90°-60°=30°

6 직사각형은 네 각이 모두 90°이므로
(각 ㅁㄱㄹ)=90°-20°=70°
접었을 때 겹치는 각의 크기는 같으므로
(각 ㅁㄱㄷ)=(각 ㄹㄱㄷ)=70°÷2=35°
직사각형은 네 각이 모두 90°이고, 접었을 때 겹치는 각의 크기는 같으므로
(각 ㄱㅁㄷ)=(각 ㄱㄹㄷ)=90°
삼각형 ㄱㅁㄷ의 세 각의 크기의 합은 180°이므로
(각 ㄱㄷㅁ)=180°-35°-90°=55°

단원 **2** 유형 마스터

쪽			
56쪽	**01** ㉠	**02** 13개	**03** 5개
57쪽	**04** 60°	**05** 15°	**06** 135°
58쪽	**07** 155°	**08** 155°	**09** 100°
59쪽	**10** 45°	**11** 40°	**12** 30°

01 ㉠ 144°-36°=108°
㉡ 50°+60°=110°
㉢ 175°-58°=117°
108°<110°<117°이므로
각도가 가장 작은 것은 ㉠입니다.

02  ⇨ 13개

03 각 3개짜리, 4개짜리로 이루어진 둔각을 각각 찾으면

〈각 3개짜리〉	〈각 4개짜리〉

⇨ 3개	⇨ 2개

따라서 찾을 수 있는 크고 작은 둔각은 모두
3+2=5(개)입니다.

04 사각형의 네 각의 크기의 합  은 360°이므로
㉡=360°-50°-125°-65°
=120°
한 직선이 이루는 각도는  180°이므로
㉠=180°-120°=60°

05 ㉡=180°-45°-90°=45°
㉢=180°-30°-90°=60°
⇨ ㉠=㉢-㉡
=60°-45°=15°
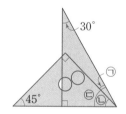

06 (숫자 한 칸의 각도)=90°÷3=30°
(숫자 반 칸의 각도)=30°÷2=15°
1시 30분일 때 시계의 긴바늘과 짧은
바늘이 이루는 작은 쪽의 각도는 숫
자 4칸과 숫자 반 칸의 각도를 합한 것과 같습니다.
(숫자 4칸의 각도)=30°×4=120°
따라서 1시 30분일 때 시계의 긴바늘과 짧은바늘이 이루는 작은 쪽의 각도는 120°+15°=135°입니다.

07 삼각형 ㄱㄴㄷ의 세 각의 크기의 합은 180°이므로
(각 ㄱㄷㄴ)=180°-35°-115°=30°

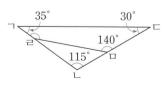

사각형 ㄱㄹㅁㄷ의 네 각의 크기의 합은 360°이므로
(각 ㄱㄹㅁ)=360°-35°-140°-30°=155°

08

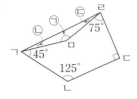

선분 ㄱㄹ을 그었을 때 사각형 ㄱㄴㄷㄹ의 네 각의 크기의 합은 360°이므로
ⓛ+ⓒ=360°-45°-125°-90°-75°
    =25°
삼각형 ㄱㅁㄹ의 세 각의 크기의 합은 180°이므로
㉠+ⓛ+ⓒ=180°, ㉠+25°=180°
⇨ ㉠=180°-25°=155°

09 접었을 때 겹치는 각의 크기는 같으므로
(각 ㅁㄷㄱ)=(각 ㄴㄷㄱ)=40°
⇨ (각 ㄴㄷㅁ)=40°+40°=80°
사각형 ㄱㄴㄷㅂ의 네 각의 크기의 합은 360°이므로
(각 ㄱㅂㄷ)=360°-90°-90°-80°=100°

10 각 ㄷㅇㄹ의 크기를 □라 하면
각 ㄱㅇㄴ의 크기는 □-15°입니다.
한 직선이 이루는 각도는 180°이므로
□-15°+105°+□=180°,
□+□=180°+15°-105°=90°
⇨ □=90°÷2=45°

11 사각형 ㄱㄴㄹㅁ의 네 각의 크기의 합은 360°이므로
(각 ㄴㄱㅁ)=360°-115°-100°-95°=50°
(각 ㄴㄱㄷ)=(각 ㄷㄱㅁ)이므로
(각 ㄴㄱㄷ)=50°÷2=25°
삼각형 ㄱㄴㄷ의 세 각의 크기의 합은 180°이므로
(각 ㄱㄷㄴ)=180°-25°-115°=40°

12 삼각형 ㄱㄴㄷ의 세 각의 크기의 합은 180°이므로
(각 ㄴㄱㄷ)
  =180°-120°-30°
  =30°

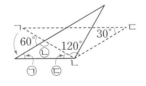

도형을 돌리기 전과 돌린 후의 모양과 크기는 같으므로
㉠=(각 ㄴㄱㄷ)=30°
한 직선이 이루는 각도는 180°이므로
ⓛ=180°-60°=120°
삼각형의 세 각의 크기의 합은 180°이므로
ⓒ=180°-120°-30°
  =30°

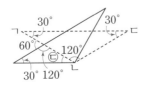

따라서 삼각형 ㄱㄴㄷ을 ⓒ만큼 돌린 것이므로 30°만큼 돌렸습니다.

유형 01 곱셈, 나눗셈의 활용

쪽			
62쪽	**1** ❶ 2645개	❷ 6150개	❸ 8795개
	🔟 8795개		
	2 7944장		**3** 소금, 100 g
63쪽	**4** ❶ 8봉지, 5개	❷ 9봉지	🔟 9봉지
	5 12상자		**6** 32자루
64쪽	**7** ❶ 2개	❷ 11개	🔟 11개
	8 13개		**9** 9000원

1 ❶ (생산한 귤 수)=115×23=2645(개)
   ❷ (생산한 체리 수)=205×30=6150(개)
   ❸ (생산한 귤과 체리 수)=2645+6150=8795(개)

2 (빨간색 색종이 수)=146×36=5256(장)
  (파란색 색종이 수)=128×21=2688(장)
  (빨간색 색종이와 파란색 색종이 수)
  =5256+2688=7944(장)

3 (전체 소금의 양)=125×58=7250 (g)
  (전체 설탕의 양)=650×11=7150 (g)
  7250>7150이므로
  소금이 7250-7150=100 (g) 더 많이 있습니다.

4 ❶ 133÷16=8…5이므로
   구슬을 16개씩 담으면 8봉지가 되고 구슬 5개가 남습니다.
  ❷ 남는 구슬도 봉지에 담아야 하므로
   봉지는 8+1=9(봉지) 필요합니다.

5 414÷36=11…18이므로 장난감을 36개씩 담으면 11상자가 되고 장난감 18개가 남습니다. 남는 장난감도 상자에 담아야 하므로 상자는 11+1=12(상자) 필요합니다.

6 654÷20=32…14이므로 쌀을 20 kg씩 담으면 32자루가 되고 쌀 14 kg이 남습니다. 남는 쌀 14 kg은 판매할 수 없으므로 판매할 수 있는 쌀은 32자루입니다.

7 ❶ 184÷13=14…2이므로 쿠키를 13접시에 14개씩 나누어 담으면 2개가 남습니다.
  ❷ 쿠키를 13접시에 남김없이 똑같이 나누어 담으려면 쿠키는 적어도 13-2=11(개) 더 필요합니다.

> **참고**
> 쿠키가 (11+13)개, (11+13+13)개, (11+13+13+13)개
> ……가 더 있어도 똑같이 나누어 줄 수 있습니다.

8 $158 \div 19 = 8 \cdots 6$이므로
감을 19상자에 8개씩 나누어 담으면 6개가 남습니다.
따라서 감을 19상자에 남김없이 똑같이 나누어 담으려
면 감은 적어도 $19 - 6 = 13$(개) 더 필요합니다.

9 $243 \div 17 = 14 \cdots 5$이므로
연필을 17명에게 14자루씩 나누어 주면 5자루가 남습니다.
연필을 17명에게 똑같이 나누어 주려면 연필은 적어도
$17 - 5 = 12$(자루) 더 필요합니다.
따라서 모자란 연필을 사려면 적어도
$750 \times 12 = 9000$(원)이 필요합니다.

유형 **02** 세로셈 완성하기

65쪽	**1** ❶ ㉢: 3, ㉣: 7 ❷ 5 ❸ 8 **답** 5, 8, 3, 7
	2 (위에서부터) 4, 2, 8, 9, 2
	3 (위에서부터) 9, 5, 8, 7, 2
66쪽	**4** ❶ ㉢: 0, ㉣: 4, ㉤: 4 ❷ 1 ❸ 2 **답** 2, 1, 0, 4, 4
	5 4, 1, 3, 5, 5, 1 **6** 3, 2, 9, 7, 6, 8
67쪽	**7** ❶ ㉠: 8, ㉣: 4 ❷ ㉡: 9, ㉢: 3 ❸ ㉤: 8, ㉥: 7 **답** 8, 9, 3, 4, 8, 7
	8 2, 5, 1, 5, 6, 8 **9** 3, 6, 9, 4, 1, 1

1 ❶ ㉢$+4 = 7 \Rightarrow$ ㉢$= 3$
  $4 +$ ㉣$= 11 \Rightarrow$ ㉣$= 7$
❷ ㉠$48 \times 5 = 2$㉣40에서 ㉠$48 \times 5 = 2740 \Rightarrow$ ㉠$= 5$
❸ ㉠$48 \times$ ㉡$= 4$㉢84에서 $548 \times$ ㉡$= 4384 \Rightarrow$ ㉡$= 8$

2 • 138㉢$+6$㉣$40 = 83$㉤8에서
  ㉢$= 8$
  $8 + 4 = 12 \Rightarrow$ ㉤$= 2$
  $1 + 3 +$ ㉣$= 13 \Rightarrow$ ㉣$= 9$
• 3㉠$7 \times 4 = 138$㉢에서
  3㉠$7 \times 4 = 1388 \Rightarrow$ ㉠$= 4$
• 3㉠$7 \times$ ㉡$= 6$㉣4에서 $347 \times$ ㉡$= 694 \Rightarrow$ ㉡$= 2$

$$\begin{array}{r} 3\ ㉠\ 7 \\ \times\quad ㉡\ 4 \\ \hline 1\ 3\ 8\ ㉢ \\ 6\ ㉣\ 4\quad \\ \hline 8\ 3\ ㉤\ 8 \end{array}$$

3 • 9㉢$0 + 11$㉣$60 = 1$㉤740에서
  ㉢$+6 = 14 \Rightarrow$ ㉢$= 8$
  $1 + 9 +$ ㉣$= 17 \Rightarrow$ ㉣$= 7$
  $1 + 1 =$ ㉤, ㉤$= 2$
• 1㉠$6 \times 6 = 11$㉣6에서
  1㉠$6 \times 6 = 1176 \Rightarrow$ ㉠$= 9$
• 1㉠$6 \times$ ㉡$= 9$㉢0에서 $196 \times$ ㉡$= 980 \Rightarrow$ ㉡$= 5$

$$\begin{array}{r} 1\ ㉠\ 6 \\ \times\quad\ 6\ ㉡ \\ \hline 9\ ㉢\ 0 \\ 1\ 1\ ㉣\ 6\quad \\ \hline 1\ ㉤\ 7\ 4\ 0 \end{array}$$

4 ❶ ㉢$= 0$
  $55 - 51 =$ ㉣, ㉣$= 4$
  ㉣$0 - 3$㉤$= 6$에서 $40 - 3$㉤$= 6 \Rightarrow$ ㉤$= 4$
❷ ㉡$7 \times 3 = 51$에서 $17 \times 3 = 51 \Rightarrow$ ㉡$= 1$
❸ ㉡$7 \times$ ㉠$= 3$㉢에서 $17 \times$ ㉠$= 34 \Rightarrow$ ㉠$= 2$

5 • ㉤$-3 = 2 \Rightarrow$ ㉤$= 5$
  $1 -$ ㉥$= 0 \Rightarrow$ ㉥$= 1$
• ㉢$-2 = 1 \Rightarrow$ ㉢$= 3$
  $5 -$ ㉣$= 0 \Rightarrow$ ㉣$= 5$
• ㉡$3 \times 1 =$ ㉥3에서 ㉡$3 \times 1 = 13 \Rightarrow$ ㉡$= 1$
• ㉡$3 \times$ ㉠$=$ ㉣2에서 $13 \times$ ㉠$= 52 \Rightarrow$ ㉠$= 4$

6 • $10 + 2 -$ ㉥$= 4 \Rightarrow$ ㉥$= 8$
  ㉤$-1 - 5 = 0 \Rightarrow$ ㉤$= 6$
• $10 + 3 -$ ㉣$=$ ㉤에서 $13 -$ ㉣$= 6 \Rightarrow$ ㉣$= 7$
  ㉢$-1 - 8 = 0 \Rightarrow$ ㉢$= 9$
• $29 \times$ ㉡$= 5$㉥에서 $29 \times$ ㉡$= 58 \Rightarrow$ ㉡$= 2$
• $29 \times$ ㉠$= 8$㉣에서 $29 \times$ ㉠$= 87 \Rightarrow$ ㉠$= 3$

7 ❶ 4㉠$2 \times 3 = 1$㉣46에서 $2 \times 3 = 6$
  ㉠$\times 3$의 일의 자리 숫자가 4이므로 ㉠$= 8$
  $482 \times 3 = 1$㉣$46 \Rightarrow 482 \times 3 = 1446$, ㉣$= 4$
❷ $482 \times$ ㉡$= 4$㉢38에서
  $2 \times$ ㉡의 일의 자리 숫자가 8이므로 ㉡$= 4$ 또는 9
  • ㉡$= 4$이면
    $482 \times 4 = 1928 \Rightarrow 4$㉢$38$이 될 수 없습니다.
  • ㉡$= 9$이면 $482 \times 9 = 4338 \Rightarrow$ ㉢$= 3$
❸ 4㉢$38 + 1$㉣$460 = 1$㉤㉥98에서
  $4338 + 14460 = 1$㉤㉥98
  $\Rightarrow 4338 + 14460 = 18798$, ㉤$= 8$, ㉥$= 7$

8 ㉠$24 \times 7 = 1$㉣㉢8에서 ㉠은 3보다 작은 수
  • ㉠$= 1$이면 $124 \times 7 = 868 \Rightarrow 1$㉣㉢$8$이 될 수 없습니다.
  • ㉠$= 2$이면 $224 \times 7 = 1568 \Rightarrow$ ㉣$= 5$, ㉢$= 6$
$224 \times$ ㉡$=$ ㉢120에서 $4 \times$ ㉡의 일의 자리 숫자가 0이
므로 ㉡$= 5$
$224 \times 5 =$ ㉢$120 \Rightarrow 224 \times 5 = 1120$, ㉢$= 1$
$1 + 1 + 6 =$ ㉥, ㉥$= 8$

9 ㉣$= 4$
$26 \times$ ㉠$= 78 \Rightarrow$ ㉠$= 3$
$26 \times$ ㉡$=$ ㉥56에서 $6 \times$ ㉡의 일의 자리 숫자가 6이므로
㉡$= 1$ 또는 6
  • ㉡$= 1$이면 $26 \times 1 = 26 \Rightarrow$ ㉥56이 될 수 없습니다.
  • ㉡$= 6$이면 $26 \times 6 = 156 \Rightarrow$ ㉥$= 1$
㉤$-1 = 0 \Rightarrow$ ㉤$= 1$
㉢$-1 - 7 = 1 \Rightarrow$ ㉢$= 9$

유형 03 바르게 계산한 값

68쪽	1	❶ 540	❷ 6480	달 6480
	2	31104		3 2
69쪽	4	❶ 400	❷ 몫: 6, 나머지: 10	달 6, 10
	5	13, 28		6 6723

1 ❶ 어떤 수를 □라 하면
□÷12＝45 ⇨ □＝12×45＝540
❷ 어떤 수는 540이므로
바르게 계산하면 540×12＝6480입니다.

2 어떤 수를 □라 하면
□÷36＝24 ⇨ □＝36×24＝864
어떤 수는 864이므로
바르게 계산하면 864×36＝31104입니다.

3 어떤 수를 □라 하면
□×13＝806 ⇨ □＝806÷13＝62
어떤 수는 62이므로
바르게 계산하면 62÷31＝2입니다.

4 ❶ 어떤 수를 □라 하면 □÷56＝7…8입니다.
56×7＝392, 392＋8＝□, □＝400
❷ 어떤 수는 400이므로
바르게 계산하면 400÷65＝6…10입니다.

5 어떤 수를 □라 하면 □÷85＝9…17입니다.
85×9＝765, 765＋17＝□, □＝782
어떤 수는 782이므로
바르게 계산하면 782÷58＝13…28입니다.

6 어떤 수를 □라 하면 □÷27＝9…6입니다.
27×9＝243, 243＋6＝□, □＝249
어떤 수는 249이므로
바르게 계산하면 249×27＝6723입니다.

유형 04 곱의 범위

70쪽	1	❶ 18	❷ 18, 18, 작은에 ○표	❸ 17
		달 17		
	2	21		3 13
71쪽	4	❶ 17, 867, 33	❷ 18	❸ 18 달 18
	5	31		6 42

1 ❶ ■×47＝846일 때
■＝846÷47＝18
❷ 18×47＝846이고
■×47＜846이어야 하므로
■에는 18보다 작은 자연수가 들어갈 수 있습니다.
❸ ■에 들어갈 수 있는 자연수는 1, 2 …… 17이므로
가장 큰 수는 17입니다.

2 □×39＝858일 때
□＝858÷39＝22
□×39＜858이어야 하므로
□ 안에는 22보다 작은 자연수가 들어가야 합니다.
따라서 □ 안에 들어갈 수 있는 가장 큰 자연수는 21입니다.

3 □×33＝400일 때
400÷33＝12…4
400＜□×33이어야 하므로
□ 안에는 12보다 큰 자연수가 들어가야 합니다.
따라서 □ 안에 들어갈 수 있는 가장 작은 자연수는 13입니다.

4 ❶ ■×51＝900이라 하면
900÷51＝17…33입니다.
900보다 작으면서 가장 가까운 곱은
■＝17일 때 17×51＝867
⇨ 900－867＝33
❷ 900보다 크면서 가장 가까운 곱은
■＝18일 때 18×51＝918
⇨ 918－900＝18
❸ 33＞18이므로 곱이 900에 가장 가까운 수가 될 때는 ■＝18입니다.

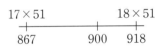

5 □×24＝750이라 하면
750÷24＝31…6입니다.
• 750보다 작으면서 가장 가까운 곱은
□＝31일 때 31×24＝744
⇨ 750－744＝6
• 750보다 크면서 가장 가까운 곱은
□＝32일 때 32×24＝768
⇨ 768－750＝18
6＜18이므로 곱이 750에 가장 가까운 수가 될 때는
□＝31입니다.

3. 곱셈과 나눗셈 **27**

6 $481 \times 40 = 19240$, $481 \times 41 = 19721$,
$481 \times 42 = 20202 \cdots$ 입니다.
- 20000보다 작으면서 가장 가까운 곱은
  $\square = 41$일 때 $481 \times 41 = 19721$
  $\Rightarrow 20000 - 19721 = 279$
- 20000보다 크면서 가장 가까운 곱은
  $\square = 42$일 때 $481 \times 42 = 20202$
  $\Rightarrow 20202 - 20000 = 202$

$279 > 202$이므로 곱이 20000에 가장 가까운 수가 될 때는 $\square = 42$입니다.

유형 05 나누어지는 수 구하기

72쪽	1	❶ 29	❷ 479	🖹 479	
	2	441		3	835
73쪽	4	❶ 851	❷ 887	❸ 5, 6, 7, 8	
		🖹 5, 6, 7, 8			
	5	4, 5		6	22
74쪽	7	❶ 853	❷ 914	❸ 853	🖹 853
	8	5, 5		9	359

1 ❶ 나머지는 항상 나누는 수보다 작으므로
30으로 나눌 때 가장 큰 나머지는 29입니다.
❷ $\blacksquare \div 30 = 15 \cdots 29$에서
$30 \times 15 = 450$, $450 + 29 = \blacksquare$, $\blacksquare = 479$

2 26으로 나눌 때 가장 큰 나머지는 25입니다.
$\square \div 26 = 16 \cdots 25$에서
$26 \times 16 = 416$, $416 + 25 = \square$, $\square = 441$

3 몫이 정해졌을 때 나누어지는 수가 가장 크려면 나머지가 가장 커야 합니다.
38로 나눌 때 가장 큰 나머지는 37입니다.
$\square \div 38 = 21 \cdots 37$에서
$38 \times 21 = 798$, $798 + 37 = \square$, $\square = 835$

4 ❶ $\blacktriangle \div 37 = 23$일 때 $\blacktriangle = 37 \times 23 = 851$
❷ 37로 나눌 때 가장 큰 나머지는 36입니다.
$\Rightarrow \blacktriangle \div 37 = 23 \cdots 36$일 때
$37 \times 23 = 851$, $851 + 36 = \blacktriangle$, $\blacktriangle = 887$
❸ 8■4는 851과 같거나 크고 887과 같거나 작은 수이므로 854, 864, 874, 884입니다.
따라서 ■에 들어갈 수 있는 수는 5, 6, 7, 8입니다.

5 20으로 나누었을 때 나머지는 0부터 19까지의 수가 될 수 있습니다.
- 나머지가 0일 때 $\blacktriangle \div 20 = 17$ $\Rightarrow$ $\blacktriangle = 20 \times 17 = 340$
- 나머지가 19일 때 $\blacktriangle \div 20 = 17 \cdots 19$
  $\Rightarrow 20 \times 17 = 340$, $340 + 19 = \blacktriangle$, $\blacktriangle = 359$

3□7은 340과 같거나 크고 359와 같거나 작은 수이므로 347, 357입니다.
따라서 □ 안에 들어갈 수 있는 수는 4, 5입니다.

6 45로 나누었을 때 나머지는 0부터 44까지의 수가 될 수 있습니다.
- 나머지가 0일 때 $\blacktriangle \div 45 = 12$ $\Rightarrow$ $45 \times 12 = 540$
- 나머지가 44일 때 $\blacktriangle \div 45 = 12 \cdots 44$
  $\Rightarrow 45 \times 12 = 540$, $540 + 44 = \blacktriangle$, $\blacktriangle = 584$

5□9는 540과 같거나 크고 584와 같거나 작은 수이므로 549, 559, 569, 579입니다.
따라서 □ 안에 들어갈 수 있는 수는 4, 5, 6, 7입니다.
→ (합) $= 4 + 5 + 6 + 7 = 22$

7 ❶ 61로 나눌 때 가장 큰 나머지는 60이고
$800 \div 61 = 13 \cdots 7$입니다.
몫이 13이고 나머지가 60일 때
나누어지는 수는 $61 \times 13 = 793$, $793 + 60 = 853$
❷ $899 \div 61 = 14 \cdots 45$
몫이 14이고 나머지가 60일 때
나누어지는 수는 $61 \times 14 = 854$, $854 + 60 = 914$
❸ 853과 914 중 백의 자리 숫자가 8인 수는 853이므로 나머지가 가장 클 때 8□□는 853입니다.

8 84로 나눌 때 가장 큰 나머지는 83입니다.
- $700 \div 84 = 8 \cdots 28$
  $\Rightarrow$ 몫이 8이고 나머지가 83일 때
  나누어지는 수는 $84 \times 8 = 672$, $672 + 83 = 755$
- $799 \div 84 = 9 \cdots 43$
  $\Rightarrow$ 몫이 9이고 나머지가 83일 때
  나누어지는 수는 $84 \times 9 = 756$, $756 + 83 = 839$
따라서 나머지가 가장 클 때 7□□는 755입니다.

9 90으로 나눌 때 가장 큰 나머지는 89입니다.
- $340 \div 90 = 3 \cdots 70$
  $\Rightarrow$ 몫이 3이고 나머지가 89일 때
  나누어지는 수는 $90 \times 3 = 270$, $270 + 89 = 359$
- $400 \div 90 = 4 \cdots 40$
  $\Rightarrow$ 몫이 4이고 나머지가 89일 때
  나누어지는 수는 $90 \times 4 = 360$, $360 + 89 = 449$
따라서 340보다 크고 400보다 작은 수 중에서 나머지가 가장 큰 수는 359입니다.

유형 06 수 카드로 식 만들기

75쪽	**1** ❶ 가장 큰 세 자리 수: 986, 가장 작은 두 자리 수: 12 ❷ 11832 답 11832	
	2 3, 54	**3** 20125
76쪽	**4** ❶ 크고에 ○표, 작아야에 ○표, 864, 12 ❷ 72 답 72	
	5 36, 11	**6** 4
77쪽	**7** ❶ 9, 7 (또는 7, 9) ❷ 71722 답 71722	
	8 542×83, 44986	**9** 4464

1 ❶ 만들 수 있는 가장 큰 세 자리 수는 높은 자리부터 큰 수를 차례로 놓으면 986이고
만들 수 있는 가장 작은 두 자리 수는 높은 자리부터 작은 수를 차례로 놓으면 12입니다.
❷ $986 \times 12 = 11832$

2 만들 수 있는 가장 작은 세 자리 수: 345
만들 수 있는 가장 큰 두 자리 수: 97
⇨ $345 \div 97 = 3 \cdots 54$

3 만들 수 있는 가장 큰 세 자리 수: 875
만들 수 있는 가장 작은 두 자리 수: 20
만들 수 있는 두 번째로 작은 두 자리 수: 23
⇨ $875 \times 23 = 20125$

4 ❶ 몫이 가장 크려면 나누어지는 수는 가장 크고, 나누는 수는 가장 작아야 합니다.
만들 수 있는 가장 큰 세 자리 수: 864
만들 수 있는 가장 작은 두 자리 수: 12
❷ $864 \div 12 = 72$

5 만들 수 있는 가장 큰 세 자리 수: 875
만들 수 있는 가장 작은 두 자리 수: 24
⇨ $875 \div 24 = 36 \cdots 11$

6 몫이 가장 작으려면 나누어지는 수는 가장 작고, 나누는 수는 가장 커야 합니다.
만들 수 있는 가장 작은 세 자리 수: 345
만들 수 있는 가장 큰 두 자리 수: 86
⇨ $345 \div 86 = 4 \cdots 1$

> **참고**
> 몫이 가장 작은 나눗셈식은 $346 \div 85 = 4 \cdots 6$,
> $354 \div 86 = 4 \cdots 10$ 등 여러 가지 만들 수 있습니다.

7 ❶ 곱이 가장 크려면 ㉠■■×㉡■에서 ㉠과 ㉡에 큰 두 수 9와 7을 넣어야 합니다.
❷ 나머지 수 3, 4, 6을 넣어 식을 만든 다음 곱이 가장 큰 경우를 찾습니다.

$$\begin{array}{r} 9\,4\,3 \\ \times\ \ 7\,6 \\ \hline 7\,1\,6\,6\,8 \end{array} \quad \begin{array}{r} 9\,6\,3 \\ \times\ \ 7\,4 \\ \hline 7\,1\,2\,6\,2 \end{array} \quad \begin{array}{r} 7\,4\,3 \\ \times\ \ 9\,6 \\ \hline 7\,1\,3\,2\,8 \end{array} \quad \begin{array}{r} 7\,6\,3 \\ \times\ \ 9\,4 \\ \hline 7\,1\,7\,2\,2 \end{array}$$

따라서 곱이 가장 클 때의 곱은 71722입니다.

8 곱이 가장 크려면 ㉠□□×㉡□에서 ㉠과 ㉡에 큰 두 수 8과 5를 넣어야 합니다.
나머지 수 2, 4, 3을 넣어 식을 만든 다음 곱이 가장 큰 경우를 찾습니다.

$$\begin{array}{r} 8\,3\,2 \\ \times\ \ 5\,4 \\ \hline 4\,4\,9\,2\,8 \end{array} \quad \begin{array}{r} 8\,4\,2 \\ \times\ \ 5\,3 \\ \hline 4\,4\,6\,2\,6 \end{array} \quad \begin{array}{r} 5\,3\,2 \\ \times\ \ 8\,4 \\ \hline 4\,4\,6\,8\,8 \end{array} \quad \begin{array}{r} 5\,4\,2 \\ \times\ \ 8\,3 \\ \hline 4\,4\,9\,8\,6 \end{array}$$

따라서 곱이 가장 클 때는 $542 \times 83 = 44986$입니다.

9 곱이 가장 작으려면 ㉠□□×㉡□에서 ㉠과 ㉡에 작은 두 수 1과 2를 넣어야 합니다.
나머지 수 7, 6, 9를 넣어 식을 만든 다음 곱이 가장 작은 경우를 찾습니다.

$$\begin{array}{r} 1\,6\,9 \\ \times\ \ 2\,7 \\ \hline 4\,5\,6\,3 \end{array} \quad \begin{array}{r} 1\,7\,9 \\ \times\ \ 2\,6 \\ \hline 4\,6\,5\,4 \end{array} \quad \begin{array}{r} 2\,6\,9 \\ \times\ \ 1\,7 \\ \hline 4\,5\,7\,3 \end{array} \quad \begin{array}{r} 2\,7\,9 \\ \times\ \ 1\,6 \\ \hline 4\,4\,6\,4 \end{array}$$

따라서 곱이 가장 작을 때의 곱은 4464입니다.

> **참고**
> 높은 자리의 수가 작을수록 곱이 작아지므로 곱하는 수의 십의 자리에 가장 작은 수를 놓아야 합니다.
> $0 < ① < ② < ③ < ④ < ⑤$일 때
> 가장 작은 곱: ②④⑤
>   × ①③

유형 07 일정한 간격의 활용

78쪽	**1** ❶ 1485 cm ❷ 40 cm ❸ 1445 cm 답 1445 cm	
	2 3002 cm	**3** 45 m 33 cm
79쪽	**4** ❶ 23군데 ❷ 24그루 ❸ 48그루 답 48그루	
	5 34개	**6** 20 m

1 ❶ (색 테이프 11장의 길이의 합)=135×11
        =1485 (cm)
  ❷ (겹쳐진 부분의 수)=(색 테이프 수)-1
        =11-1=10(군데)
    (겹쳐진 부분의 길이의 합)=4×10=40 (cm)
  ❸ (이어 붙인 색 테이프의 전체 길이)
    =(색 테이프 11장의 길이의 합)
      -(겹쳐진 부분의 길이의 합)
    =1485-40=1445 (cm)

2 (색 테이프 13장의 길이의 합)=242×13=3146 (cm)
  (겹쳐진 부분의 수)=13-1=12(군데)
  (겹쳐진 부분의 길이의 합)=12×12=144 (cm)
  ⇨ (이어 붙인 색 테이프의 전체 길이)
    =3146-144=3002 (cm)

3 (색 테이프 25장의 길이의 합)=189×25=4725 (cm)
  (겹쳐진 부분의 수)=25-1=24(군데)
  (겹쳐진 부분의 길이의 합)=8×24=192 (cm)
  (이어 붙인 색 테이프의 전체 길이)
    =4725-192=4533 (cm)
  ⇨ 100 cm=1 m이므로 4533 cm=45 m 33 cm

4 ❶ (가로수 사이의 간격 수)
    =(도로의 길이)÷(가로수를 심는 간격)
    =253÷11=23(군데)
  ❷ (도로 한쪽에 심는 가로수의 수)=(간격 수)+1
        =23+1=24(그루)
  ❸ (도로 양쪽에 심는 가로수의 수)
    =(도로 한쪽에 심는 가로수의 수)×2
    =24×2=48(그루)

5 (가로등 사이의 간격 수)=432÷27=16(군데)
  (도로 한쪽에 세우는 가로등 수)=16+1=17(개)
  (도로 양쪽에 세우는 가로등 수)=17×2=34(개)

6 (간격 수)=(길의 한쪽에 놓은 의자 수)-1
        =18-1=17(군데)
  (의자를 놓은 간격)=(길의 길이)÷(간격 수)
        =340÷17=20 (m)

---

1 ❶ (정현이가 20분 동안 간 거리)
    =(1분에 가는 거리)×(달린 시간)
    =250×20=5000 (m)
  ❷ (정현이가 30초 동안 간 거리)
    =(1분에 가는 거리)÷2
    =250÷2=125 (m)
  ❸ (정현이가 20분 30초 동안 간 거리)
    =(20분 동안 간 거리)+(30초 동안 간 거리)
    =5000+125=5125 (m)

2 (비행기가 11시간 동안 간 거리)=556×11
        =6116 (km)
  30분은 1시간(=60분)의 반이므로
  (비행기가 30분 동안 간 거리)
    =(1시간 동안 간 거리)÷2
    =556÷2=278 (km)
  (비행기가 11시간 30분 동안 간 거리)=6116+278
        =6394 (km)

3 (가온이가 16분 동안 달린 거리)=135×16
        =2160 (m)
  20초=60초÷3이므로
  (가온이가 20초 동안 달린 거리)
    =(60초 동안 달린 거리)÷3
    =135÷3=45 (m)
  (가온이가 16분 20초 동안 달린 거리)=2160+45
        =2205 (m)

4 ❶ (기차가 터널에 진입해서 완전히 빠져나갈 때까지
    움직이는 거리)
    =(터널의 길이)+(기차의 길이)
    =610+160=770 (m)
  ❷ (기차가 터널을 완전히 빠져나가는 데 걸리는 시간)
    =(기차가 터널에 진입해서 완전히 빠져나갈 때까
      지 움직이는 거리)
      ÷(기차가 1초 동안 가는 거리)
    =770÷35=22(초)

5 (기차가 터널에 진입해서 완전히 빠져나갈 때까지 움직이
  는 거리)
  =858+114=972 (m)
  (기차가 터널을 완전히 빠져나가는 데 걸리는 시간)
  =972÷27=36(초)

6 (버스가 터널에 진입해서 완전히 빠져나갈 때까지 움직이
  는 거리)
  =983+11=994 (m)
  (버스가 터널을 완전히 빠져나가는 데 걸리는 시간)
  =994÷14=71(초)
  ⇨ 60초=1분이므로 71초=1분 11초

	유형 08 거리, 시간의 활용	
80쪽	**1** ❶ 5000 m ❷ 125 m ❸ 5125 m	
	탑 5125 m	
	2 6394 km	**3** 2205 m
81쪽	**4** ❶ 770 m ❷ 22초 **탑** 22초	
	5 36초	**6** 1분 11초

단원 3 유형 마스터

82쪽	**01** 포도 주스, 950 mL	**02** 19개
	03 ㉯ 도화지	
83쪽	**04** 700분	**05** (위에서부터) 8, 2, 0, 5, 1
	06 31	
84쪽	**07** 47, 8	**08** 12662	**09** 62초
85쪽	**10** 6 cm	**11** 480 m	**12** 805

01 (전체 오렌지 주스의 양)=250×25
　　　　　　　　　　=6250 (mL)
(전체 포도 주스의 양)=240×30
　　　　　　　　　　=7200 (mL)
$6250 < 7200$이므로
포도 주스가 $7200 - 6250 = 950$ (mL) 더 많이 있습니다.

02 $215 \div 26 = 8 \cdots 7$이므로
자두를 26봉지에 8개씩 나누어 담으면 7개가 남습니다.
따라서 자두를 26봉지에 남김없이 똑같이 나누어 담으려면 자두는 적어도 $26 - 7 = 19$(개) 더 필요합니다.

03 도화지 한 장의 가격을 각각 구하면
　㉮ 도화지: $700 \div 20 = 35$(원)
　㉯ 도화지: $900 \div 30 = 30$(원)
$35 > 30$이므로 더 싼 것은 ㉯ 도화지입니다.

04 (영규가 하루 동안 줄넘기와 달리기를 한 시간)
　=$20 + 30 = 50$(분)
2주일은 14일이므로
(영규가 2주일 동안 줄넘기와 달리기를 한 시간)
　=$50 \times 14 = 700$(분)

05 $52㉠ \times 9 = 4752$에서
㉠$\times 9$의 일의 자리 숫자가 2이므로
㉠$=8$
$528 \times ㉤ = 1㉢56$에서
$8 \times ㉤$의 일의 자리 숫자가 6이므로
㉤$=2$ 또는 7
・㉤$=2$이면 $528 \times 2 = 1056 ⇨ ㉢ = 0$
・㉤$=7$이면
　$528 \times 7 = 3696 ⇨ 1㉢56$이 될 수 없습니다.
$5 + 6 = 11 ⇨ ㉲ = 1$
$1 + 4 + 0 = ㉣ ⇨ ㉣ = 5$

$$\begin{array}{r} 5\ 2\ ㉠ \\ \times\ \ \ ㉤\ 9 \\ \hline 4\ 7\ 5\ 2 \\ 1\ ㉢\ 5\ 6 \\ \hline 1\ ㉣\ 3\ ㉲\ 2 \end{array}$$

06 $388 \times 30 = 11640$, $388 \times 31 = 12028 \cdots$입니다.
・12000보다 작으면서 가장 가까운 곱은
　□$=30$일 때 $388 \times 30 = 11640$
　⇨ $12000 - 11640 = 360$
・12000보다 크면서 가장 가까운 곱은
　□$=31$일 때 $388 \times 31 = 12028$
　⇨ $12028 - 12000 = 28$
$360 > 28$이므로 곱이 12000에 가장 가까운 수가 될 때는 □$=31$입니다.

07 어떤 수를 □라 하면 □$\div 34 = 23 \cdots 25$입니다.
$34 \times 23 = 782$, $782 + 25 = □$, □$=807$
어떤 수는 807이므로 어떤 수를 17로 나누면
$807 \div 17 = 47 \cdots 8$입니다.

08 만들 수 있는 가장 큰 세 자리 수: 976
만들 수 있는 두 번째로 큰 세 자리 수: 974
만들 수 있는 가장 작은 두 자리 수: 13
⇨ $974 \times 13 = 12662$

09 (자동차가 터널에 진입해서 완전히 빠져나갈 때까지 움직이는 거리)
　=$987 + 5 = 992$ (m)
(자동차가 터널을 완전히 빠져나가는 데 걸리는 시간)
　=$992 \div 16 = 62$(초)

10 (색 테이프 14장의 길이의 합)
　=$108 \times 14 = 1512$ (cm)
(겹쳐진 부분의 길이의 합)=$1512 - 1434 = 78$ (cm)
(겹쳐진 부분의 수)=$14 - 1 = 13$(군데)
(겹쳐진 부분의 길이)=$78 \div 13 = 6$ (cm)

11 (도로 한쪽에 심은 나무 수)
　=(도로 양쪽에 심은 나무 수)$\div 2$
　=$62 \div 2 = 31$(그루)
(나무 사이의 간격 수)
　=(도로 한쪽에 심은 나무 수)-1
　=$31 - 1 = 30$(군데)
(도로의 길이)
　=(나무를 심은 간격)$\times$(나무 사이의 간격 수)
　=$16 \times 30 = 480$ (m)

12 ㉠$\div ㉡ = 30 \cdots 25$에서 ㉠이 가장 작으려면 ㉡이 가장 작아야 합니다.
㉡은 25보다 큰 수이므로 ㉡이 될 수 있는 가장 작은 수는 26입니다.
㉠$\div 26 = 30 \cdots 25$에서
$26 \times 30 = 780$, $780 + 25 = ㉠$, ㉠$=805$
따라서 나누어지는 수가 될 수 있는 가장 작은 자연수는 805입니다.

4 평면도형의 이동

유형 01 여러 번 움직이기

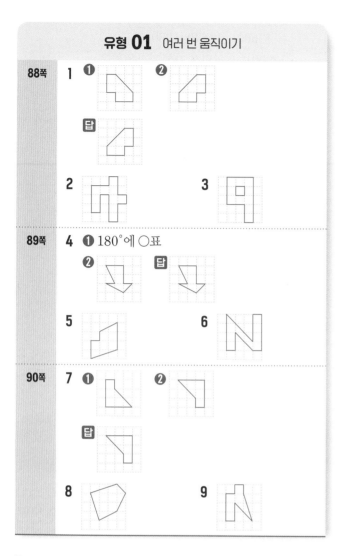

88쪽

1 ❶ ❷ 탭

2 3

89쪽

4 ❶ 180°에 ○표
 ❷ 탭

5 6

90쪽

7 ❶ ❷ 탭

8 9

1 ❶ 도형을 아래쪽으로 4번 뒤집으면 처음 도형과 같습니다.

❷ 도형을 오른쪽으로 3번 뒤집은 도형은 오른쪽으로 1번 뒤집은 도형과 같습니다.

처음 도형 　 아래쪽으로 4번 뒤집은 도형 　 오른쪽으로 3번 뒤집은 도형

2 도형을 왼쪽으로 6번 뒤집으면 처음 도형과 같고, 위쪽으로 7번 뒤집으면 위쪽으로 1번 뒤집은 도형과 같습니다.

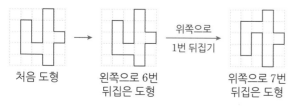

처음 도형 　 왼쪽으로 6번 뒤집은 도형 　 위쪽으로 7번 뒤집은 도형

3 도형을 위쪽으로 5번 뒤집은 도형은 위쪽으로 1번 뒤집은 도형과 같고, 오른쪽으로 9번 뒤집은 도형은 오른쪽으로 1번 뒤집은 도형과 같습니다.

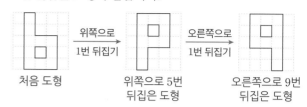

처음 도형 　 위쪽으로 5번 뒤집은 도형 　 오른쪽으로 9번 뒤집은 도형

4 ❶ 도형을 ◔와 같이 돌리고 ◔와 같이 돌린 도형은 ◔와 같이 돌린 도형과 같습니다.
 ❷ 도형을 ◔와 같이 돌린 도형을 그립니다.

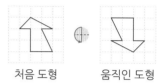

처음 도형 　 움직인 도형

> **참고**
> 도형을 ◔와 같이 돌리고 ◔와 같이 돌리면 처음 도형과 같아집니다.

5 도형을 ◔와 같이 돌리고 ◔와 같이 돌렸을 때의 도형은 ◔와 같이 돌린 도형과 같습니다. └→ ◔ = ◔

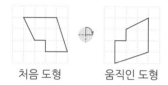

처음 도형 　 움직인 도형

6 도형을 ◔와 같이 돌리고 ◔와 같이 돌렸을 때의 도형은 ◔와 같이 돌린 도형과 같습니다. └→ ◔ = ◔

처음 도형 　 움직인 도형

7 ❶ 도형을 아래쪽으로 3번 뒤집은 도형은 아래쪽으로 1번 뒤집은 도형과 같습니다.
 ❷ 도형을 ◔와 같이 4번 돌리면 ◔이므로 처음 도형과 같습니다.
　⇨ 도형을 ◔와 같이 6번 돌렸을 때의 도형은 ◔와 같이 2번 돌린 도형과 같습니다.
　⇨ 도형을 ◔와 같이 2번 돌리면 ◔이므로 ◔와 같이 돌린 도형과 같습니다.

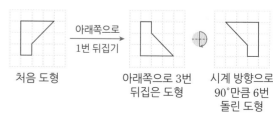

처음 도형 　 아래쪽으로 3번 뒤집은 도형 　 시계 방향으로 90°만큼 6번 돌린 도형

8 도형을 왼쪽으로 5번 뒤집은 도형은 왼쪽으로 1번 뒤집은 도형과 같습니다.

도형을 와 같이 8번 돌리면 처음 도형과 같으므로 도형을 와 같이 9번 돌렸을 때의 도형은 와 같이 1번 돌린 도형과 같습니다.

 →

처음 도형 / 왼쪽으로 1번 뒤집기 / 왼쪽으로 5번 뒤집은 도형 / 시계 반대 방향으로 90°만큼 9번 돌린 도형

참고
도형을 같은 방향으로 90°만큼 4번, 8번, 12번······ 돌리면 처음 도형과 같습니다.

9 도형을 와 같이 2번 돌리면 이므로 처음 도형과 같습니다.

⇨ 도형을 와 같이 3번 돌렸을 때의 도형은 와 같이 1번 돌린 도형과 같습니다.

도형을 오른쪽으로 7번 뒤집은 도형은 오른쪽으로 1번 뒤집은 도형과 같습니다.

처음 도형 / 시계 방향으로 180°만큼 3번 돌린 도형 / 오른쪽으로 7번 뒤집은 도형

참고
도형을 같은 방향으로 180°만큼 2번, 4번, 6번······ 돌리면 처음 도형과 같습니다.

유형 02 움직이기 전 도형

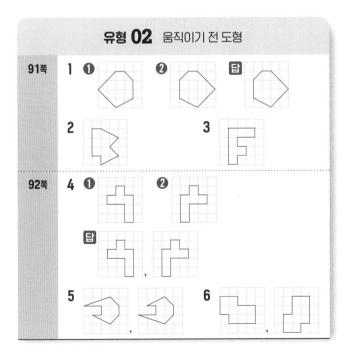

1 ❶ 와 같이 돌리기 전의 도형은 와 같이 돌린 도형과 같습니다.

❷ 오른쪽으로 뒤집기 전 도형은 왼쪽으로 뒤집은 도형과 같습니다.

움직인 도형 / 왼쪽으로 뒤집기 / 처음 도형

2 와 같이 돌리기 전의 도형은 와 같이 돌린 도형과 같습니다.

위쪽으로 뒤집기 전의 도형은 아래쪽으로 뒤집은 도형과 같습니다.

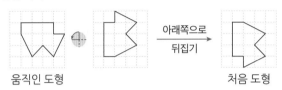

움직인 도형 / 아래쪽으로 뒤집기 / 처음 도형

3 왼쪽으로 3번 뒤집기 전의 도형은 오른쪽으로 3번(＝1번) 뒤집은 도형과 같습니다.

와 같이 돌리기 전의 도형은 와 같이 돌린 도형과 같습니다.

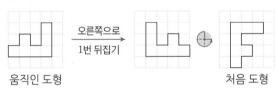

움직인 도형 / 오른쪽으로 1번 뒤집기 / 처음 도형

4 ❶ 처음 도형(와 같이 돌리기 전의 도형)은 주어진 도형을 와 같이 돌린 도형과 같습니다.

❷ 바르게 움직인 도형은 처음 도형을 오른쪽으로 뒤집은 도형입니다.

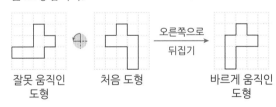

잘못 움직인 도형 / 처음 도형 / 오른쪽으로 뒤집기 / 바르게 움직인 도형

5 처음 도형(와 같이 돌리기 전의 도형)은 주어진 도형을 와 같이 돌린 도형과 같습니다.

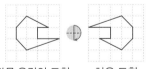

잘못 움직인 도형 / 처음 도형

바르게 움직인 도형은 처음 도형을 아래쪽으로 뒤집은 도형입니다.

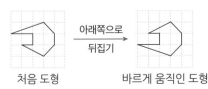

처음 도형 / 아래쪽으로 뒤집기 / 바르게 움직인 도형

6 처음 도형(위쪽으로 뒤집기 전의 도형)은 주어진 도형을
아래쪽으로 뒤집은 도형과 같습니다.

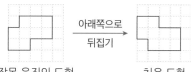

잘못 움직인 도형   처음 도형

바르게 움직인 도형은 처음 도형을 ◑와 같이 돌린 도형
입니다.

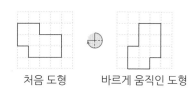

처음 도형   바르게 움직인 도형

유형 03 수 카드 움직이기

93쪽	**1** ❶ [5][3][ᴚ][2][ᴇ][ᴶ][8][ᴈ]	
	❷ 0, 1, 2, 3, 5, 8 답 0, 1, 2, 3, 5, 8	
	2 0, 1, 2, 5, 8	**3** 0, 1, 2, 5, 6, 8, 9
94쪽	**4** ❶ [82] ❷ 24 답 24	
	5 39	**6** 672
95쪽	**7** ❶ [18] ❷ 99 답 99	
	8 6	**9** 696
96쪽	**10** ❶ 852 ❷ 528 답 528	
	11 105	**12** 586

1 ❶

❷ 아래쪽으로 뒤집었을 때 숫자가 되는 카드의 수는
0, 1, 2, 3, 5, 8입니다.

2 수 카드를 오른쪽으로 뒤집으면

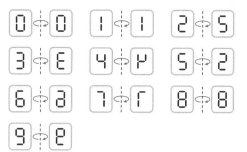

따라서 오른쪽으로 뒤집었을 때 숫자가 되는 카드의 수는
0, 1, 2, 5, 8입니다.

3 수 카드를 ◑와 같이 돌리면

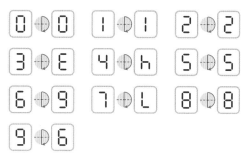

따라서 시계 방향으로 180°만큼 돌렸을 때 숫자가 되는
카드의 수는 0, 1, 2, 5, 6, 8, 9입니다.

4 ❶ [58] ◐ [82]

❷ 82−58=24이므로
처음 수보다 24 더 큽니다.

5 수 카드를 왼쪽으로 뒤집으면

[12] ──왼쪽으로 뒤집기──▶ [51]

⇨ (두 수의 차)=51−12=39

6 수 카드를 위쪽으로 뒤집으면

[351] ──위쪽으로 뒤집기──▶ [321]

⇨ (두 수의 합)=321+351=672

7 ❶ [81] ◑ [18]

❷ (두 수의 합)=18+81=99

8 수 카드를 ◑와 같이 돌리면

[65] ◑ [59]

⇨ (두 수의 차)=65−59=6

9 수 카드를 와 같이 돌리면

$$\boxed{902} \; \; \boxed{206}$$

$902 - 206 = 696$이므로 처음 수보다 696 더 작습니다.

10 ❶ 가장 큰 세 자리 수는 높은 자리부터 큰 수를 차례대로 놓습니다.

$8 > 5 > 2 > 1$이므로 수 카드로 만들 수 있는 가장 큰 세 자리 수는 852입니다.

❷ $852 \; \; 528$

11 가장 작은 세 자리 수는 높은 자리부터 작은 수를 차례대로 놓습니다.

$0 < 1 < 2 < 3$이고 0은 가장 높은 자리에 올 수 없으므로 수 카드로 만들 수 있는 가장 작은 세 자리 수는 102입니다.

⇨ 102

⋯

105

12 $9 > 8 > 5 > 1$이므로 수 카드로 만들 수 있는 가장 큰 세 자리 수는 985입니다.

⇨ $985 \; \; 586$

유형 **04** 움직인 방법 설명하기

97쪽

1 ❶

❷ 예 시계 반대 방향으로 90°만큼 돌립니다.

설명 예 시계 반대 방향으로 90°만큼 돌립니다.

2 예 오른쪽으로 뒤집습니다.

3 예 위쪽으로 뒤집고 시계 방향으로 90°만큼 돌립니다.

98쪽

4 ❶

 ,

❷ 예 시계 방향으로 180°만큼 돌립니다.

설명 예 시계 방향으로 180°만큼 돌립니다.

5 예 시계 방향으로 180°만큼 돌립니다.

6 예 위쪽으로 뒤집습니다.

---

1 ❶

처음 도형 　위쪽으로 뒤집기　 　?　 움직인 도형

❷ 기준이 되는 변이 왼쪽 → 아래쪽으로 움직였으므로 가운데 도형을 시계 반대 방향으로 90°만큼 돌리면 움직인 도형이 됩니다.

> **참고**
>
> 화살촉의 끝이 같으면 돌렸을 때 도형이 같으므로 시계 방향으로 돌려서도 구할 수 있습니다.
>
> ⊕ = ⊖, ⊖ = ⊕, ⊕ = ⊖

2 처음 모양을 와 같이 돌리면 가운데 모양과 같습니다.

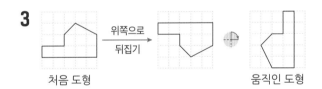

처음 모양 　　 움직인 모양

가운데 모양과 움직인 모양의 왼쪽과 오른쪽이 서로 바뀌었으므로 가운데 모양을 오른쪽으로 뒤집으면 움직인 모양이 됩니다.

> **참고**
>
> 가운데 모양을 왼쪽으로 뒤집어도 움직인 모양이 됩니다.

3

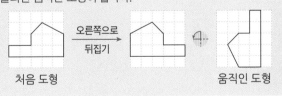

처음 도형 　위쪽으로 뒤집기　 움직인 도형

> **다른 풀이**
>
> 처음 도형을 오른쪽으로 뒤집고 시계 반대 방향으로 90°만큼 돌리면 움직인 도형이 됩니다.
>
>
>
> 처음 도형 　오른쪽으로 뒤집기　 움직인 도형

4 ❶ 도형을 오른쪽으로 3번 뒤집은 도형은 오른쪽으로 1번 뒤집은 도형과 같습니다.

처음 도형 　오른쪽으로 1번 뒤집기　 → 오른쪽으로 3번 뒤집은 도형 　위쪽으로 1번 뒤집은 도형

❷ 기준이 되는 변이 위쪽 → 아래쪽으로 움직였으므로 시계 방향으로 180°만큼 돌린 도형과 같습니다.

5 도형을 아래쪽으로 5번 뒤집은 도형은 아래쪽으로 1번 뒤집은 도형과 같고, 도형을 왼쪽으로 3번 뒤집은 도형은 왼쪽으로 1번 뒤집은 도형과 같습니다.

⇨ 기준이 되는 변이 위쪽 → 아래쪽으로 움직였으므로 시계 방향으로 180°만큼 돌린 도형과 같습니다.

6 모양을 왼쪽으로 7번 뒤집은 모양은 왼쪽으로 1번 뒤집은 모양과 같고, 모양을 와 같이 2번 돌린 모양은 와 같이 돌린 모양과 같습니다.

⇨ 도형의 위쪽과 아래쪽이 서로 바뀌었으므로 위쪽으로 뒤집은 모양과 같습니다.

유형 **05** 규칙 찾기

99쪽

1 ❶ 예 오른쪽으로 뒤집는 규칙입니다.

❷

2 [도형]　**3** 목

100쪽

4 ❶ 예

❷ 예 모양을 오른쪽으로 뒤집는 것을 반복해서 모양을 만들고, 그 모양을 아래쪽으로 뒤집어 무늬를 만드는 규칙입니다.

❸ [무늬]

5 [무늬]

6 [무늬]

---

1 ❶ 도형의 왼쪽과 오른쪽이 서로 바뀌므로 도형을 오른쪽(또는 왼쪽)으로 뒤집는 규칙입니다.

❷ 세 번째 도형을 오른쪽(또는 왼쪽)으로 뒤집은 도형을 그립니다.

2 도형의 위쪽 부분이 오른쪽 → 아래쪽 → 왼쪽으로 움직이므로 도형을 와 같이 돌리는 규칙입니다.

> **참고**
> 도형을 와 같이 돌리는 규칙이라고 할 수도 있습니다.

3 모양의 위쪽 부분이 아래쪽으로 움직이므로 모양을 와 같이 돌리는 규칙입니다.

5 모양을 오른쪽으로 뒤집는 것을 반복해서 모양을 만들고, 그 모양을 아래쪽으로 뒤집어 무늬를 만드는 규칙입니다.

6 모양을 와 같이 돌리는 것을 반복해서 모양을 만들고, 그 모양을 오른쪽으로 미는 것을 반복해서 무늬를 만드는 규칙입니다.

단원 **4** 유형 마스터

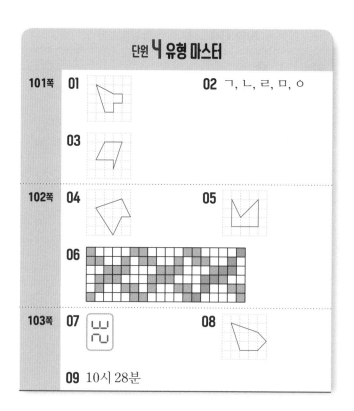

101쪽　**01** [도형]　**02** ㄱ, ㄴ, ㄹ, ㅁ, ㅇ

03 [도형]

102쪽　**04** [도형]　**05** [도형]

06 [무늬]

103쪽　**07** [도형]　**08** [도형]

09 10시 28분

01 도형을 위쪽으로 7번 뒤집은 도형은 위쪽으로 1번 뒤집은 도형과 같습니다.

도형을 오른쪽으로 민 도형은 처음 도형과 같습니다.

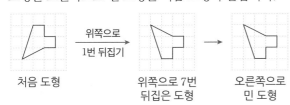

02 자음 카드를 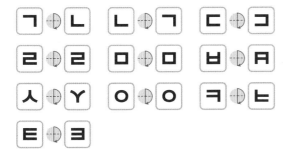와 같이 돌리면

따라서 자음 카드를 와 같이 돌렸을 때 자음이 되는 카드의 자음은 ㄱ, ㄴ, ㄹ, ㅁ, ㅇ입니다.

03 도형을 와 같이 돌리고 와 같이 돌렸을 때의 도형은 와 같이 돌린 도형과 같습니다.

처음 도형　　움직인 도형

04 도형을 위쪽으로 3번 뒤집은 도형은 위쪽으로 1번 뒤집은 도형과 같습니다.

도형을 와 같이 7번 돌렸을 때의 도형은 와 같이 3번 돌린 도형(＝와 같이 돌린 도형)과 같습니다.

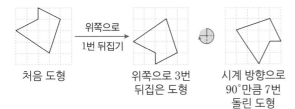

처음 도형　　위쪽으로 3번 뒤집은 도형　　시계 방향으로 90°만큼 7번 돌린 도형

05 오른쪽으로 5번 뒤집기 전의 도형은 왼쪽으로 5번(＝1번) 뒤집은 도형과 같습니다.

와 같이 돌리기 전의 도형은 와 같이 돌린 도형과 같습니다.

움직인 도형　　　　　　　처음 도형

06 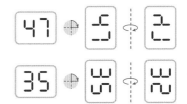 모양을 와 같이 돌리는 것을 반복해서

모양을 만들고, 그 모양을 오른쪽으로 미는 것을 반복해서 무늬를 만드는 규칙입니다.

07 수 카드를 와 같이 돌린 다음 오른쪽으로 뒤집은 규칙입니다.

08 도형의 위쪽 부분이 왼쪽 → 아래쪽 → 오른쪽으로 움직이므로 도형을 와 같이 돌리는 규칙입니다.

17째에 알맞은 도형은 첫째 도형을 와 같이 16번 돌렸을 때의 도형입니다.

도형을 와 같이 16번 돌렸을 때의 도형은 처음 도형과 같습니다.

따라서 17째에 알맞은 도형은 첫째 도형과 같습니다.

09 철봉에 거꾸로 매달렸을 때 시계를 본 모양은 시계를 와 같이 돌린 모양과 같습니다.

시계를 거꾸로 본 모양을 와 같이 돌리면

승욱이가 철봉에 거꾸로 매달리기를 시작했을 때의 시각이 10시 20분이므로

철봉에서 내려온 시각은 10시 20분에서 8분 후인 10시 28분입니다.

5 막대그래프

1 ❶ 세로 눈금 한 칸은 $10 \div 5 = 2$(명)을 나타냅니다.

    ❷ 좋아하는 학생이 가장 많은 운동은 막대의 길이가 가장 긴 축구이고, 14명입니다.

        좋아하는 학생이 가장 적은 운동은 막대의 길이가 가장 짧은 배구이고, 4명입니다.

    ❸ (차)$= 14 - 4 = 10$(명)

2 가로 눈금 한 칸은 $50 \div 5 = 10$(가구)를 나타냅니다.

    살고 있는 가구가 가장 많은 동은 ㉴ 동이고, 70가구입니다.

    살고 있는 가구가 가장 적은 동은 ㉠ 동이고, 40가구입니다.

    ➡ (차)$= 70 - 40 = 30$(가구)

> **다른 풀이**
> 가로 눈금 한 칸은 10가구를 나타내고
> 살고 있는 가구가 가장 많은 동인 ㉴ 동과 살고 있는 가구가 가장 적은 동인 ㉠ 동의 막대의 길이의 차는 3칸이므로
> 가구 수의 차는 $10 \times 3 = 30$(가구)입니다.

3 세로 눈금 한 칸은 $100 \div 5 = 20$(명)을 나타냅니다.

    가고 싶은 학생이 가장 많은 나라는 영국이고, 180명입니다.

    가고 싶은 학생이 가장 적은 나라는 태국이고, 60명입니다.

    따라서 가고 싶은 학생이 가장 많은 나라는 가장 적은 나라보다 학생 수가 $180 - 60 = 120$(명) 더 많습니다.

4 ❶ 세로 눈금 한 칸은 $15 \div 5 = 3$(개)를 나타냅니다.

    ❷ 점수가 가장 높은 사람은 들어간 고리가 가장 많은 사람이므로 막대의 길이가 가장 긴 건우입니다.

    ❸ (건우의 들어간 고리 수)$= 3 \times 8 = 24$(개)

        ➡ (건우의 점수)$= 3 \times$ (들어간 고리 수)

                      $= 3 \times 24 = 72$(점)

5 가로 눈금 한 칸은 $10 \div 5 = 2$(개)를 나타냅니다.

    점수가 가장 낮은 사람은 맞힌 문제가 가장 적은 사람이므로 세연입니다.

    (세연이가 맞힌 문제 수)$= 2 \times 6 = 12$(개)

    ➡ (세연이의 점수)$= 5 \times 12 = 60$(점)

6 세로 눈금 한 칸은 $5 \div 5 = 1$(개)를 나타냅니다.

    점수가 가장 높은 사람은 넣은 공이 가장 많은 사람이므로 승현입니다.

    승현이가 넣은 공은 8개이고,

    넣지 못한 공은 $10 - 8 = 2$(개)입니다.

    (승현이가 얻은 점수)$= 4 \times 8 = 32$(점)

    (승현이가 잃은 점수)$= 2 \times 2 = 4$(점)

    ➡ (승현이의 점수)$= 32 - 4 = 28$(점)

1 ❶ 다연이네 반에서 가장 많은 학생이 가고 싶어 하는 박물관은 막대의 길이가 가장 긴 항공 박물관입니다.

    ❷ 승호네 반 막대그래프에서 가로 눈금 한 칸은 $10 \div 5 = 2$(명)을 나타냅니다.

    ❸ 승호네 반에서는 항공 박물관을 $2 \times 4 = 8$(명)이 가고 싶어 합니다.

2 국산 자동차 판매량 막대그래프에서 판매량이 가장 적은 때는 막대의 길이가 가장 짧은 5월입니다.

    수입 자동차 판매량 막대그래프에서 세로 눈금 한 칸은 $200 \div 5 = 40$(대)를 나타내므로

    5월의 수입 자동차 판매량은 $40 \times 9 = 360$(대)입니다.

3 ❶ 세로 눈금 한 칸은 $50 \div 5 = 10$(명)을 나타냅니다.

    ❷ 꽃별 남학생과 여학생의 막대의 길이의 차를 각각 알아보면

        장미: 2칸, 백합: 3칸, 튤립: 4칸, 국화: 0칸

        두 막대의 길이의 차가 가장 큰 꽃은 튤립이므로

        남학생 수와 여학생 수의 차가 가장 큰 꽃은 튤립입니다.

    ❸ 튤립을 좋아하는 남학생은 40명, 여학생은 80명이므로 차는 $80 - 40 = 40$(명)입니다.

4 세로 눈금 한 칸은 $100 \div 5 = 20$(마리)를 나타냅니다.
목장별 소와 닭의 막대의 길이의 차를 각각 알아보면
초록 목장: 4칸, 튼튼 목장: 2칸,
신선 목장: 3칸, 풀잎 목장: 3칸
두 막대의 길이의 차가 가장 작은 목장은 튼튼 목장이므로 소의 수와 닭의 수의 차가 가장 작은 목장은 튼튼 목장입니다.
튼튼 목장의 소는 120마리, 닭은 160마리이므로
차는 $160 - 120 = 40$(마리)입니다.

5 가로 눈금 한 칸은 $500 \div 5 = 100$(명)을 나타냅니다.
요일별 남자와 여자의 막대의 길이의 차를 각각 알아보면
목요일: 1칸, 금요일: 3칸, 토요일: 1칸, 일요일: 0칸
두 막대의 길이의 차가 가장 클 때는 금요일이므로
남자 관람객 수와 여자 관람객 수의 차가 가장 클 때는 금요일입니다.
금요일의 남자 관람객은 900명, 여자 관람객은 1200명이므로 관람객은 모두 $900 + 1200 = 2100$(명)입니다.

4 ① 막대의 칸 수를 각각 알아보면
자장면: 13칸, 짬뽕: 8칸, 우동: 6칸, 탕수육: 9칸이므로 막대의 전체 칸 수는 $13 + 8 + 6 + 9 = 36$(칸)입니다.
36칸이 360그릇을 나타내므로
가로 눈금 한 칸은 $360 \div 36 = 10$(그릇)을 나타냅니다.
② 탕수육은 $10 \times 9 = 90$(그릇) 팔렸습니다.

5 막대의 칸 수를 각각 알아보면
A형: 9칸, B형: 4칸, O형: 7칸, AB형: 5칸이므로
막대의 전체 칸 수는 $9 + 4 + 7 + 5 = 25$(칸)입니다.
25칸이 100명을 나타내므로
세로 눈금 한 칸은 $100 \div 25 = 4$(명)을 나타냅니다.
⇨ (O형인 학생 수)$= 4 \times 7 = 28$(명)

6 막대의 칸 수를 각각 알아보면
책: 5칸, 학용품: 6칸, 옷: 8칸, 휴대 전화: 7칸이므로
막대의 전체 칸 수는 $5 + 6 + 8 + 7 = 26$(칸)입니다.
26칸이 520명을 나타내므로
세로 눈금 한 칸은 $520 \div 26 = 20$(명)을 나타냅니다.
가장 많은 학생이 받고 싶은 선물은 막대의 길이가 가장 긴 옷이고, 옷을 받고 싶은 학생은 $20 \times 8 = 160$(명)입니다.

유형 **03** 눈금 한 칸의 크기를 모르는 경우

110쪽	**1** ① 2명 ② 6명 답 6명	
	2 55명	**3** 2700 kg
111쪽	**4** ① 10그릇 ② 90그릇 답 90그릇	
	5 28명	**6** 160명

1 ① 막대그래프에서 유관순 5칸이 10명을 나타내므로
세로 눈금 한 칸은 $10 \div 5 = 2$(명)을 나타냅니다.
② 가장 적은 학생이 존경하는 위인은 막대의 길이가 가장 짧은 신사임당이고, 신사임당을 존경하는 학생은 $2 \times 3 = 6$(명)입니다.

2 막대그래프에서 수학 8칸이 40명을 나타내므로
세로 눈금 한 칸은 $40 \div 8 = 5$(명)을 나타냅니다.
가장 많은 학생이 좋아하는 과목은 막대의 길이가 가장 긴 체육이고, 체육을 좋아하는 학생은 $5 \times 11 = 55$(명)입니다.

3 막대그래프에서 ㉰ 마을 6칸이 600 kg을 나타내므로
가로 눈금 한 칸은 $600 \div 6 = 100$ (kg)을 나타냅니다.
마을별 쓰레기 배출량을 각각 구하면
㉮ 마을: 500 kg, ㉯ 마을: 700 kg, ㉱ 마을: 900 kg
⇨ (네 마을의 쓰레기 배출량)
  $= 500 + 700 + 600 + 900 = 2700$ (kg)

유형 **04** 항목 사이의 관계 이용하기

112쪽	**1** ① 10명 ② 50명 ③ 180명 답 180명	
	2 100개	**3** 20명
113쪽	**4** ① 100 kg	
	② ㉮ 농장: 1000 kg, ㉯ 농장: 500 kg	

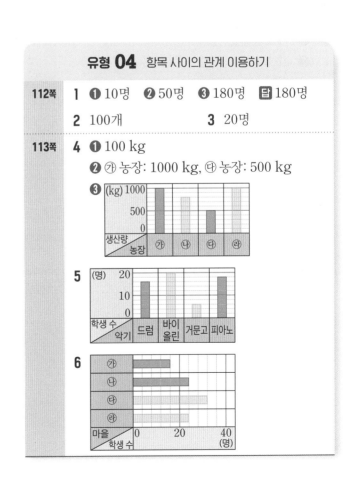

1 **❶** 세로 눈금 한 칸은 50÷5＝10(명)을 나타냅니다.

❷ 그네뛰기를 좋아하는 학생은 30명이므로
(윷놀이)＝(그네뛰기)＋20＝30＋20＝50(명)

❸ 널뛰기: 40명, 연날리기: 60명이므로
(지안이네 학교 4학년 학생 수)
＝50＋40＋30＋60＝180(명)

2 가로 눈금 한 칸은 25÷5＝5(개)를 나타냅니다.
가위는 20개이므로
(자)＝(가위)－10＝20－10＝10(개)
지우개: 25개, 풀: 45개이므로
(문구점에 있는 학용품 수)＝25＋10＋20＋45
＝100(개)

3 세로 눈금 한 칸은 100÷5＝20(명)을 나타냅니다.
광주에 가고 싶은 학생은 40명이므로
(전주)＝(광주)×3＝40×3＝120(명)
대구에 가고 싶은 학생은 100명이므로 전주에 가고 싶은
학생 수와 대구에 가고 싶은 학생 수의 차는
120－100＝20(명)입니다.

> **다른 풀이**
> 광주는 세로 눈금 2칸으로 나타내었으므로
> 전주는 세로 눈금 2×3＝6(칸)으로 나타낼 수 있습니다.
> 전주는 6칸, 대구는 5칸이므로 전주는 대구보다 1칸 더 많습니다.
> 세로 눈금 한 칸은 20명을 나타내므로 전주에 가고 싶은 학생
> 수와 대구에 가고 싶은 학생 수의 차는 20×1＝20(명)입니다.

4 **❶** 세로 눈금 한 칸은 500÷5＝100 (kg)을 나타냅니다.

❷ ⓓ 농장의 쌀 생산량은 800 kg이므로
(ⓒ 농장)＝(ⓓ 농장)－300
＝800－300＝500 (kg)
(㉮ 농장)＝(ⓒ 농장)×2＝500×2＝1000 (kg)

❸ ㉮ 농장: 1000÷100＝10(칸)
ⓒ 농장: 500÷100＝5(칸)

5 세로 눈금 한 칸은 10÷5＝2(명)을 나타냅니다.
거문고를 배우고 싶은 학생은 6명이므로
피아노: (거문고)＋12＝6＋12＝18(명)
⇨ 18÷2＝9(칸)
드럼: (피아노)－2＝18－2＝16(명) ⇨ 16÷2＝8(칸)

6 가로 눈금 한 칸은 20÷5＝4(명)을 나타냅니다.
ⓒ 마을의 학생은 32명이고
ⓒ 마을의 학생 수는 ㉮ 마을의 학생 수의 2배이므로
㉮ 마을: (ⓒ 마을)÷2＝32÷2＝16(명)
⇨ 16÷4＝4(칸)
ⓓ 마을: (㉮ 마을)＋8＝16＋8＝24(명)
⇨ 24÷4＝6(칸)

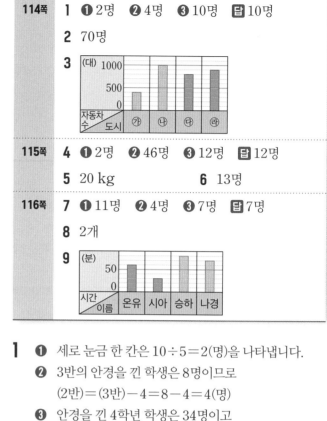

유형 05 전체 수량 이용하기

114쪽	**1** ❶2명 ❷4명 ❸10명 답10명
	2 70명
	3 (그래프)
115쪽	**4** ❶2명 ❷46명 ❸12명 답12명
	5 20 kg **6** 13명
116쪽	**7** ❶11명 ❷4명 ❸7명 답7명
	8 2개
	9 (그래프)

1 **❶** 세로 눈금 한 칸은 10÷5＝2(명)을 나타냅니다.

❷ 3반의 안경을 낀 학생은 8명이므로
(2반)＝(3반)－4＝8－4＝4(명)

❸ 안경을 낀 4학년 학생은 34명이고
1반의 안경을 낀 학생은 12명이므로
(4반)
＝(안경을 낀 4학년 학생 수)－(1반)－(2반)－(3반)
＝34－12－4－8
＝10(명)

2 가로 눈금 한 칸은 50÷5＝10(명)을 나타냅니다.
취미가 운동인 학생은 50명이므로
(그림)＝(운동)＝50명
전체 학생은 260명이고
취미가 게임인 학생은 90명이므로
(노래)＝(전체 학생 수)－(운동)－(그림)－(게임)
＝260－50－50－90
＝70(명)

3 세로 눈금 한 칸은 500÷5＝100(대)를 나타냅니다.
㉮ 도시의 등록된 자동차는 400대이므로
ⓒ 도시: (㉮ 도시)×2＝400×2＝800(대)
⇨ 800÷100＝8(칸)
네 도시의 등록된 자동차는 3100대이고
ⓓ 도시의 등록된 자동차는 1000대이므로
ⓔ 도시: (네 도시의 등록된 자동차 수)
－(㉮ 도시)－(ⓓ 도시)－(ⓒ 도시)
＝3100－400－1000－800＝900(대)
⇨ 900÷100＝9(칸)

4 **❶** 세로 눈금 한 칸은 $10 \div 5 = 2$(명)을 나타냅니다.

　　❷ (전체 남학생 수)$=16+10+8+12=46$(명)이므로 전체 여학생은 46명입니다.

　　❸ (장래 희망이 선생님인 여학생 수)
　　　$=46-14-14-6=12$(명)

5 세로 눈금 한 칸은 $100 \div 5 = 20$ (kg)을 나타냅니다.
　　(네 농장의 사과 생산량)
　　　$=140+120+80+80=420$ (kg)
　　➡ 네 농장의 배 생산량은 420 kg입니다.
　　(㉯ 농장의 배 생산량)$=420-80-160-160=20$ (kg)

6 가로 눈금 한 칸은 $5 \div 5 = 1$(명)을 나타내므로
　　(우유를 좋아하는 여학생 수의 합)
　　　$=7+12+9+12=40$(명)
　　(우유를 좋아하는 남학생 수의 합)
　　　$=$(우유를 좋아하는 여학생 수의 합)$+3$
　　　$=40+3=43$(명)
　　(4반의 우유를 좋아하는 남학생 수)
　　　$=43-9-10-11=13$(명)

7 **❶** 세로 눈금 한 칸은 $5 \div 5 = 1$(명)을 나타냅니다.
　　　(자두와 귤을 좋아하는 학생 수의 합)
　　　　$=$(전체 학생 수)$-$(감)$-$(복숭아)
　　　　$=23-5-7=11$(명)

　　❷ 귤을 좋아하는 학생 수를 □명이라 하면
　　　자두를 좋아하는 학생 수는 $(\square+3)$명이므로
　　　$\square+\square+3=11$, $\square+\square=11-3$, $\square+\square=8$,
　　　$\square=4$

　　❸ (자두)$=$(귤)$+3=4+3=7$(명)

8 가로 눈금 한 칸은 $10 \div 5 = 2$(개)를 나타냅니다.
　　(주련이와 지혁이가 넣은 화살 수의 합)
　　　$=$(네 사람이 넣은 화살 수의 합)$-$(민영)$-$(동욱)
　　　$=44-16-12=16$(개)
　　주련이가 넣은 화살 수를 □개라 하면
　　지혁이가 넣은 화살 수는 $(\square-12)$개이므로
　　$\square+\square-12=16$, $\square+\square=16+12$, $\square+\square=28$,
　　$\square=14$
　　➡ (지혁)$=\square-12=14-12=2$(개)

9 세로 눈금 한 칸은 $50 \div 5 = 10$(분)을 나타냅니다.
　　(온유와 시아가 책을 읽은 시간의 합)
　　　$=$(네 사람이 책을 읽은 시간의 합)$-$(승하)$-$(나경)
　　　$=240-80-70=90$(분)
　　시아가 책을 읽은 시간을 □분이라 하면
　　온유가 책을 읽은 시간은 $(\square+\square)$분이므로
　　$\square+\square+\square=90$, $\square \times 3=90$, $\square=90 \div 3$, $\square=30$
　　시아: $30 \div 10 = 3$(칸)
　　온유: $\square+\square=30+30=60$(분) ➡ $60 \div 10 = 6$(칸)

참고
$(\square$의 2배$)=\square \times 2=\square+\square$

유형 06 표와 막대그래프 완성하기

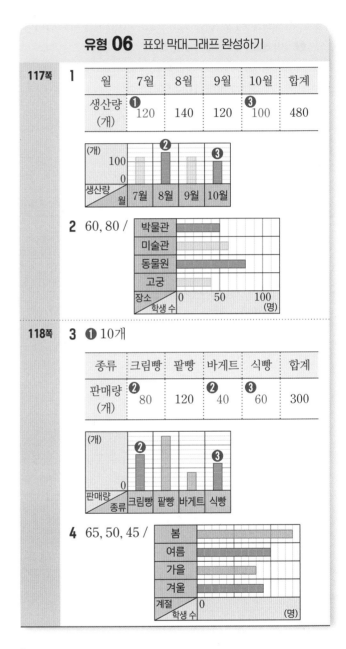

117쪽

1

월	7월	8월	9월	10월	합계
생산량 (개)	**❶** 120	140	120	**❸** 100	480

2 60, 80 /

118쪽

3 **❶** 10개

종류	크림빵	팥빵	바게트	식빵	합계
판매량 (개)	80	120	**❷** 40	**❸** 60	300

4 65, 50, 45 /

---

1 **❶** 막대그래프에서 세로 눈금 한 칸은
　　　$100 \div 5 = 20$(개)를 나타내므로
　　　(7월)$=20 \times 6 = 120$(개)

　　❷ 막대그래프에 8월은 $140 \div 20 = 7$(칸)으로 나타냅니다.

　　❸ 10월: (합계)$-$(7월)$-$(8월)$-$(9월)
　　　　$=480-120-140-120=100$(개)
　　　　➡ $100 \div 20 = 5$(칸)

2 막대그래프에서 가로 눈금 한 칸은 50÷5＝10(명)을 나타내므로
　박물관: 50÷10＝5(칸)
　미술관: 10×6＝60(명)
　동물원: (합계)−(박물관)−(미술관)−(고궁)
　　　　＝230−50−60−40＝80(명)
　　　　⇨ 80÷10＝8(칸)

3 ❶ 막대그래프에서 팥빵 12칸이 120개를 나타내므로
　　세로 눈금 한 칸은 120÷12＝10(개)를 나타냅니다.
　❷ 바게트: 10×4＝40(개)
　　크림빵: (바게트)×2＝40×2＝80(개)
　　　　　⇨ 80÷10＝8(칸)
　❸ 식빵: (합계)−(크림빵)−(팥빵)−(바게트)
　　　　＝300−80−120−40＝60(개)
　　　　⇨ 60÷10＝6(칸)

4 막대그래프에서 가을 8칸이 40명을 나타내므로
　가로 눈금 한 칸은 40÷8＝5(명)을 나타냅니다.
　봄: 5×13＝65(명)
　여름: (봄)−15＝65−15＝50(명)
　　　⇨ 50÷5＝10(칸)
　겨울: (합계)−(봄)−(여름)−(가을)
　　　＝200−65−50−40＝45(명)
　　　⇨ 45÷5＝9(칸)

단원 **5** 유형 마스터

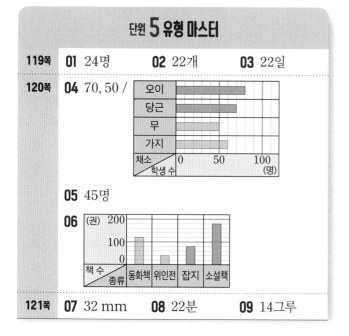

119쪽	**01** 24명	**02** 22개	**03** 22일
120쪽	**04** 70, 50 /		
	05 45명		
	06		
121쪽	**07** 32 mm	**08** 22분	**09** 14그루

01 (스포츠를 즐겨 보는 학생 수)
　＝66−24−8−14＝20(명)
　가장 많은 학생이 즐겨 보는 TV 프로그램은 예능으로
　24명입니다.
　따라서 세로 눈금은 적어도 24명까지 나타낼 수 있어야
　합니다.

02 가로 눈금 한 칸은 10÷5＝2(개)를 나타냅니다.
　가장 많이 들어 있는 공은 막대의 길이가 가장 긴 탁구공
　이고, 26개입니다.
　가장 적게 들어 있는 공은 막대의 길이가 가장 짧은 축구공
　이고, 4개입니다.
　⇨ (차)＝26−4＝22(개)

03 세로 눈금 한 칸은 5÷5＝1(일)을 나타냅니다.
　1월에 눈이 온 날은 9일이고, 1월은 31일까지 있으므로
　(1월에 눈이 오지 않은 날수)＝31−9＝22(일)

04 막대그래프에서 가로 눈금 한 칸은 50÷5＝10(명)을
　나타내므로
　오이: 80÷10＝8(칸)
　무: 10×5＝50(명)
　당근: 260−80−50−60＝70(명) ⇨ 70÷10＝7(칸)

05 세로 눈금 한 칸은 25÷5＝5(명)을 나타냅니다.
　학년별 남학생과 여학생의 막대의 길이의 차를 각각 알
　아보면 1학년: 1칸, 2학년: 1칸, 3학년: 2칸, 4학년: 3칸
　두 막대의 길이의 차가 가장 큰 학년은 4학년이므로
　지각을 한 남학생 수와 여학생 수의 차가 가장 큰 학년
　은 4학년입니다. 지각을 한 4학년 남학생은 30명, 여학
　생은 15명이므로 모두 30＋15＝45(명)입니다.

06 세로 눈금 한 칸은 100÷5＝20(권)을 나타냅니다.
　동화책은 120권이므로
　잡지: (동화책)−40＝120−40＝80(권)
　　　⇨ 80÷20＝4(칸)
　소설책: 420−120−40−80＝180(권)
　　　⇨ 180÷20＝9(칸)

07 가로 눈금 한 칸은 20÷5＝4 (mm)를 나타냅니다.
　(6월과 7월의 강수량의 합)
　＝100−36−24＝40 (mm)
　6월의 강수량을 □ mm라 하면
　7월의 강수량은 (□＋□＋□＋□) mm이므로
　□＋□＋□＋□＋□＝40, □×5＝40,
　□＝40÷5, □＝8
　⇨ (7월)＝8＋8＋8＋8＝32 (mm)

> **참고**
> (□의 4배)＝□×4＝□＋□＋□＋□

08 세로 눈금 한 칸은 $400 \div 5 = 80$ (m)를 나타냅니다.
집에서 가장 먼 장소는 막대의 길이가 가장 긴 마트이고
집과 마트 사이의 거리는 $80 \times 11 = 880$ (m)입니다.
도아가 4분에 160 m를 걸으므로
(도아가 1분에 가는 거리)$= 160 \div 4 = 40$ (m)
⇨ (집에서 마트까지 가는 데 걸리는 시간)
　　$= 880 \div 40 = 22$(분)

09 막대그래프에서 1반과 3반의 막대의 길이의 차 2칸이
4그루를 나타내므로
세로 눈금 한 칸은 $4 \div 2 = 2$(그루)를 나타냅니다.
따라서 4반에서 심은 나무는 $2 \times 7 = 14$(그루)입니다.

6 규칙 찾기

유형 01 수의 배열에서 규칙 찾기

124쪽	**1** ❶ 예 3부터 시작하여 3씩 곱하는 규칙입니다.
	❷ 2187　답 2187
	2 8192　　　　　　**3** 12
125쪽	**4** ❶ 예 32682부터 시작하여 ↘ 방향으로 10100씩 커지는 규칙입니다.
	❷ 73082　답 73082
	5 4238　　　　　　**6** 40321
126쪽	**7** ❶ 예 왼쪽과 오른쪽의 끝에는 1을 쓰고, 바로 윗줄의 연속된 두 수를 더하여 아랫줄의 가운데에 쓰는 규칙입니다.
	❷ 20　답 20
	8 15, 6　　　　　　**9** 128
127쪽	**10** ❶ 36　❷ 32　답 32
	11 44　　　　　　**12** 73

1 ❶ 3　9　27　81……
　　　$\times 3$　$\times 3$　$\times 3$
3부터 시작하여 3씩 곱하는 규칙입니다.
❷ $81 \times 3 = 243, 243 \times 3 = 729, 729 \times 3 = 2187$……
따라서 가장 작은 네 자리 수는 2187입니다.

2 2　8　32　128……
　　$\times 4$　$\times 4$　$\times 4$
2부터 시작하여 4씩 곱하는 규칙입니다.
$128 \times 4 = 512, 512 \times 4 = 2048, 2048 \times 4 = 8192,$
$8192 \times 4 = 32768$……
따라서 가장 큰 네 자리 수는 8192입니다.

3 1536　768　384　192……
　　　$\div 2$　$\div 2$　$\div 2$
1536부터 시작하여 2로 나누는 규칙입니다.
$192 \div 2 = 96, 96 \div 2 = 48, 48 \div 2 = 24, 24 \div 2 = 12,$
$12 \div 2 = 6$……
따라서 가장 작은 두 자리 수는 12입니다.

4 ❶ ↘ 방향의 수를 알아보면
| 32682 | — | 42782 | — | 52882 | — | 62982 | — | ■ |
⇨ 32682부터 시작하여 ↘ 방향으로 10100씩 커지는 규칙입니다.
❷ ■에 알맞은 수는 62982보다 10100 더 큰 수이므로 73082입니다.

5 ＼ 방향의 수를 알아보면

$\boxed{4678}$ — $\boxed{4568}$ — $\boxed{4458}$ — $\boxed{4348}$ — $\boxed{\blacksquare}$

⇨ 4678부터 시작하여 ＼ 방향으로 110씩 작아지는 규칙입니다.

■에 알맞은 수는 4348보다 110 더 작은 수이므로 4238입니다.

6 ／ 방향의 수를 알아보면

$\boxed{80361}$ — $\boxed{70351}$ — $\boxed{60341}$ — $\boxed{}$ — $\boxed{\blacksquare}$

⇨ 80361부터 시작하여 ／ 방향으로 10010씩 작아지는 규칙입니다.

60341보다 10010 더 작은 수는 50331이므로 ■에 알맞은 수는 50331보다 10010 더 작은 수인 40321입니다.

7 ❶ 왼쪽과 오른쪽의 끝에는 1을 쓰고, 바로 윗줄의 연속된 두 수를 더하여 아랫줄의 가운데에 쓰는 규칙입니다.

❷ ㉡＝4＋6＝10
ㄷ＝6＋4＝10
⇨ ㉠＝㉡＋㉢
　＝10＋10＝20

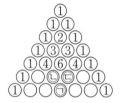

8 왼쪽과 오른쪽의 끝에는 1을 쓰고, 바로 윗줄의 연속된 두 수를 더하여 아랫줄의 가운데에 쓰는 규칙입니다.

㉢＝1＋4＝5, ㉣＝4＋6＝10
⇨ ㉠＝㉢＋㉣＝5＋10＝15
㉤＝4＋1＝5 ⇨ ㉡＝㉤＋1＝5＋1＝6

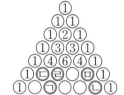

9 각 줄에 알맞은 수의 합을 구하면

첫째 줄: 1
둘째 줄: 1＋1＝2＝1×2
셋째 줄: 1＋2＋1＝4＝2×2
넷째 줄: 1＋3＋3＋1＝8＝4×2
다섯째 줄: 1＋4＋6＋4＋1＝16＝8×2

각 줄의 수의 합은 바로 윗줄의 수의 합의 2배입니다.

⇨ 여덟째 줄: 16×2×2×2＝128

10 ❶ 1행 1열의 수는 1×1＝1,
1행 2열의 수는 2×2＝4,
1행 3열의 수는 3×3＝9,
1행 4열의 수는 4×4＝16이므로
1행 6열의 수는 6×6＝36입니다.

❷ 5행 6열의 수는 1행 6열의 수부터 시작하여 아래쪽으로 한 행씩 갈수록 1씩 작아지므로 5행 6열의 수는 1행 6열의 수보다 4 더 작은 수인 36－4＝32입니다.

11 1행 1열의 수는 1×1＝1, 1행 2열의 수는 2×2＝4, 1행 3열의 수는 3×3＝9, 1행 4열의 수는 4×4＝16이므로 1행 7열의 수는 7×7＝49입니다.

6행 7열의 수는 1행 7열의 수부터 시작하여 아래쪽으로 한 행씩 갈수록 1씩 작아지므로

6행 7열의 수는 1행 7열의 수보다 5 더 작은 수인 49－5＝44입니다.

12 1행 1열의 수는 1×1＝1, 2행 1열의 수는 2×2＝4, 3행 1열의 수는 3×3＝9, 4행 1열의 수는 4×4＝16이므로 9행 1열의 수는 9×9＝81입니다.

9행 9열의 수는 9행 1열의 수부터 시작하여 오른쪽으로 한 열씩 갈수록 1씩 작아지므로

9행 9열의 수는 9행 1열의 수보다 8 더 작은 수인 81－8＝73입니다.

다른 풀이
1행 1열의 수는 1, 1행 2열의 수는 1＋1＝2, 1행 3열의 수는 2＋3＝5, 1행 4열의 수는 5＋5＝10으로 1, 3, 5……씩 커지는 규칙입니다.
1행 9열의 수는 10＋7＋9＋11＋13＋15＝65이고
9행 9열의 수는 1행 9열의 수부터 시작하여 아래쪽으로 한 행씩 갈수록 1씩 커지므로 9행 9열의 수는 1행 9열의 수보다 8 더 큰 수인 65＋8＝73입니다.

유형 02 계산식에서 규칙 찾기

128쪽	**1** ❶ 1 / 4, 1　❷ 111111×63＝6999993	
	식 111111×63＝6999993	
	2 55555553＋44444448＝100000001	
	3 1000000001×222222222 ＝222222222222222222	
129쪽	**4** ❶ 4 / 4, 4　❷ 77770÷11＝7070	
	식 77770÷11＝7070	
	5 8008×101＝808808	
	6 12345679×63＝777777777	
130쪽	**7** ❶ 3 / 4, 4　❷ 78888888　답 78888888	
	8 8888888　　　　**9** 987654321, 9	

1 ❶ 첫째: $\underline{1}×63＝63$
　　　　　1개

　　둘째: $\underline{11}×63＝6\underline{9}3$
　　　　　2개　　(2-1)개

　　셋째: $\underline{111}×63＝6\underline{99}3$
　　　　　3개　　(3-1)개

　　넷째: $\underline{1111}×63＝6\underline{999}3$
　　　　　4개　　(4-1)개

❷ 여섯째: $\underline{111111}×63＝6\underline{99999}3$
　　　　　6개　　　(6-1)개

2 첫째: $\underline{5}\underline{3}+\underline{4}8＝1\underline{0}1$
　　　　1개 1개　1개

둘째: $\underline{55}3+\underline{44}8＝1\underline{00}1$
　　　2개　2개　2개

셋째: $\underline{555}3+\underline{444}8＝1\underline{000}1$
　　　3개　3개　3개

넷째: $\underline{5555}3+\underline{4444}8＝1\underline{0000}1$
　　　4개　4개　4개

⇨ 일곱째: $\underline{5555555}3+\underline{4444444}8＝1\underline{0000000}1$
　　　　　7개　　　7개　　　　7개

3 첫째: $11 × \underline{2} = \underline{22}$
　　　　　　1개　(2×1)개

둘째: $\underline{101} × \underline{22} = \underline{2222}$
　　(2-1)개　2개　(2×2)개

셋째: $\underline{1001} × \underline{222} = \underline{222222}$
　　(3-1)개　3개　(2×3)개

넷째: $\underline{10001} × \underline{2222} = \underline{22222222}$
　　(4-1)개　4개　(2×4)개

⇨ 아홉째:
　　$\underline{1000000001}×\underline{222222222}＝\underline{222222222222222222}$
　　(9-1)개　　　9개　　　　(2×9)개

4 ❶ 첫째: $\underline{11110}÷11＝\underline{1010}$
　　　　　1이 4개

　　둘째: $\underline{22220}÷11＝\underline{2020}$
　　　　　2가 4개

　　셋째: $\underline{33330}÷11＝\underline{3030}$
　　　　　3이 4개

　　넷째: $\underline{44440}÷11＝\underline{4040}$
　　　　　4가 4개

❷ 몫이 $\underline{7070}$이므로
　　일곱째: $\underline{77770}÷11＝\underline{7070}$
　　　　　7이 4개

5 첫째: $1001×101＝101101$
둘째: $2002×101＝202202$
셋째: $3003×101＝303303$
넷째: $4004×101＝404404$
계산 결과가 808808이므로
여덟째: $8008×101＝808808$

6 첫째: $12345679×\underline{9}＝\underline{111111111}$
　　　　　9×1　　1이 9개

둘째: $12345679×\underline{18}＝\underline{222222222}$
　　　　　9×2　　2가 9개

셋째: $12345679×\underline{27}＝\underline{333333333}$
　　　　　9×3　　3이 9개

넷째: $12345679×\underline{36}＝\underline{444444444}$
　　　　　9×4　　4가 9개

계산 결과가 777777777로 7이 9개이므로
일곱째: $12345679×\underline{63}＝\underline{777777777}$
　　　　　9×7　　7이 9개

7 ❶ 첫째: $\underline{2} × 9 = \underline{18}$
　　　자리 수가 1개　1개

　　둘째: $\underline{32} × 9 = \underline{288}$
　　　자리 수가 2개　2개

　　셋째: $\underline{432} × 9 = \underline{3888}$
　　　자리 수가 3개　3개

　　넷째: $\underline{5432} × 9 = \underline{48888}$
　　　자리 수가 4개　4개

❷ 8765432는 자리 수가 7개이므로
　　일곱째: $\underline{8765432}×9＝\underline{78888888}$
　　　　자리 수가 7개　　7개

8 첫째: $\underline{1} + \underline{1} = \underline{2}$
　　자리 수가 자리 수가 1개
　　1개　　1개

둘째: $\underline{12} + \underline{21} = \underline{33}$
　　자리 수가 자리 수가 2개
　　2개　　2개

셋째: $\underline{123} + \underline{321} = \underline{444}$
　　자리 수가 자리 수가 3개
　　3개　　3개

넷째: $\underline{1234} + \underline{4321} = \underline{5555}$
자리 수가 4개 자리 수가 4개 4개

$1234567+7654321$에서 두 수는 자리 수가 각각 7개이므로
일곱째: $\underline{1234567}+\underline{7654321}＝\underline{8888888}$
　　　자리 수가 7개 자리 수가 7개　7개

9 첫째: $\underline{1}×8＝\underline{9}-1$
　　자리 수가　자리 수가
　　　1개　　　1개

둘째: $\underline{12}×8＝\underline{98}-2$
　　자리 수가　자리 수가
　　　2개　　　2개

셋째: $\underline{123}×8＝\underline{987}-3$
　　자리 수가　자리 수가
　　　3개　　　3개

넷째: $\underline{1234}×8＝\underline{9876}-4$
자리 수가 4개　자리 수가 4개
123456789는 자리 수가 9개이므로
아홉째: $\underline{123456789}×8＝\underline{987654321}-9$
　　자리 수가 9개　　　자리 수가 9개

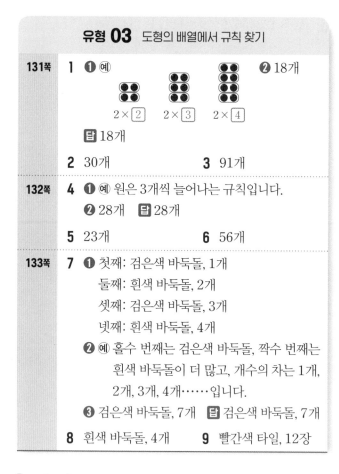

131쪽 1 **❶**(예)

2×② 2×③ 2×④

❷18개

답 18개

2 30개 3 91개

132쪽 4 **❶**(예) 원은 3개씩 늘어나는 규칙입니다.

❷ 28개 답 28개

5 23개 6 56개

133쪽 7 **❶** 첫째: 검은색 바둑돌, 1개

둘째: 흰색 바둑돌, 2개

셋째: 검은색 바둑돌, 3개

넷째: 흰색 바둑돌, 4개

❷(예) 홀수 번째는 검은색 바둑돌, 짝수 번째는

흰색 바둑돌이 더 많고, 개수의 차는 1개,

2개, 3개, 4개……입니다.

❸ 검은색 바둑돌, 7개 답 검은색 바둑돌, 7개

8 흰색 바둑돌, 4개 9 빨간색 타일, 12장

---

1 **❶** 바둑돌의 수를 각각 알아보면

첫째 둘째 셋째 넷째

2×1 2×2 2×3 2×4

❷ (아홉째에 알맞은 모양에서 바둑돌의 수)
$=2\times9=18$(개)

2 주황색 삼각형의 수를 각각 알아보면

첫째 둘째 셋째 넷째

1×3
=3(개)

2×3
=6(개)

3×3
=9(개)

4×3
=12(개)

따라서 열째에 알맞은 모양에서 주황색 삼각형은
10×3=30(개)입니다.

3 모형의 수를 각각 알아보면

첫째: $1\times1=1$(개) 둘째: $2\times2=4$(개)

셋째: $3\times3=9$(개) 넷째: $4\times4=16$(개)

다섯째: $5\times5=25$(개) 여섯째: $6\times6=36$(개)

따라서 여섯째 도형까지 배열할 때 필요한 모형은 모두
$1+4+9+16+25+36=91$(개)입니다.

---

4 **❶**

첫째 둘째 셋째 넷째

원은 1개부터 시작하여 3개씩 늘어나는 규칙입니다.

❷ (열째에 알맞은 모양에서 늘어난 원의 수)
$=3\times9=27$(개)

➡ (열째에 알맞은 모양에서 원의 수)
$=1+27=28$(개)

5

첫째 둘째 셋째 넷째

사각형은 1개부터 시작하여 2개씩 늘어나는 규칙입니다.

(12째에 알맞은 모양에서 늘어난 사각형의 수)
$=2\times11=22$(개)

따라서 12째에 알맞은 모양에서 사각형은
$1+22=23$(개)입니다.

6 바둑돌의 수를 각각 알아보면

첫째: 1개

둘째: $1+2=3$(개)

셋째: $1+2+3=6$(개)

넷째: $1+2+3+4=10$(개)

다섯째: $1+2+3+4+5=15$(개)

여섯째: $1+2+3+4+5+6=21$(개)

따라서 여섯째 모양까지 배열할 때 필요한 바둑돌은 모두
$1+3+6+10+15+21=56$(개)입니다.

7 **❶** 흰색 바둑돌과 검은색 바둑돌을 /으로 한 개씩 지워
개수의 차를 알아보면

첫째 둘째 셋째 넷째

검은색, 1개 흰색, 2개 검은색, 3개 흰색, 4개

❷ 홀수 번째는 검은색 바둑돌, 짝수 번째는 흰색 바둑
돌이 더 많고, 개수의 차는 1개, 2개, 3개, 4개……
입니다.

❸ 일곱째는 홀수 번째이므로 검은색 바둑돌이 7개 더
많습니다.

8 바둑돌의 개수의 차를 알아보면

첫째 둘째 셋째 넷째

검은색, 1개 흰색, 1개 검은색, 2개 흰색, 2개

➡ 홀수 번째는 검은색 바둑돌, 짝수 번째는 흰색 바둑돌
이 더 많고, 개수의 차는 1개, 1개, 2개, 2개, 3개, 3개
……입니다.

여덟째는 짝수 번째이므로 흰색 바둑돌이 4개 더 많습니다.

9 타일의 장수의 차를 알아보면

첫째	둘째	셋째	넷째
빨간색, 2장	파란색, 2장	빨간색, 4장	파란색, 4장

➾ 홀수 번째는 빨간색 타일, 짝수 번째는 파란색 타일이 더 많고, 장수의 차는 2장, 2장, 4장, 4장, 6장, 6장 ……입니다.

11째는 홀수 번째이므로 빨간색 타일이 12장 더 많습니다.

유형 **04** 실생활에서 규칙 찾기

134쪽	**1** ❶ 예 탁자가 한 개 늘어날 때마다 앉을 수 있는 사람은 4명씩 늘어납니다. ❷ 36명 답 36명
	2 31개 **3** 9장
135쪽	**4** ❶ 예 아래쪽으로 100씩 커지고, 오른쪽으로 1씩 커지는 규칙입니다. ❷ 506번 답 506번
	5 55번
	6 마 열 왼쪽에서 셋째 자리
136쪽	**7** ❶ 9 ❷ 30 답 30
	8 6 **9** 26

---

1 ❶

8명　　　　12명　　　　　16명

탁자가 한 개 늘어날 때마다 앉을 수 있는 사람은 4명씩 늘어납니다.

❷ 탁자 8개는 탁자 한 개에서 탁자 7개가 늘어난 것이므로 앉을 수 있는 사람은 $4 \times 7 = 28$(명) 늘어납니다.
따라서 탁자 8개를 이어 붙일 때 앉을 수 있는 사람은 모두 $8 + 28 = 36$(명)입니다.

2 정사각형이 한 개 늘어날 때마다 성냥개비는 3개씩 늘어납니다.
정사각형 10개는 정사각형 한 개에서 9개가 늘어난 것이므로 성냥개비는 $3 \times 9 = 27$(개) 늘어납니다.
따라서 정사각형 10개를 만드는 데 필요한 성냥개비는 $4 + 27 = 31$(개)입니다.

3 사진이 한 장 늘어날 때마다 누름 못은 2개씩 늘어납니다.
사진을 한 장 붙일 때 사용하는 누름 못은 4개이므로 늘어난 누름 못은 $20 - 4 = 16$(개)입니다.
늘어난 사진은 $16 \div 2 = 8$(장)이므로 누름 못을 20개 사용했을 때 벽에 붙인 사진은 $1 + 8 = 9$(장)입니다.

4 ❶ 아래쪽으로 100씩 커지고, 오른쪽으로 1씩 커지는 규칙입니다.

❷ 위쪽에서 다섯째이고 왼쪽에서 첫째 우체통 번호는 $101 + 400 = 501$(번)이므로 위쪽에서 다섯째이고 왼쪽에서 여섯째 우체통 번호는 $501 + 5 = 506$(번)입니다.
따라서 우희네 집의 우체통은 506번입니다.

5 위쪽으로 8씩 커지는 규칙이므로
아래쪽에서 여섯째이고 왼쪽에서 첫째 신발장 번호는 $11 + 8 + 8 + 8 + 8 + 8 = 51$(번)입니다.
오른쪽으로 1씩 커지는 규칙이므로
아래쪽에서 여섯째이고 왼쪽에서 다섯째 신발장 번호는 $51 + 4 = 55$(번)입니다.
따라서 도겸이의 신발장 번호는 55번입니다.

6 열이 늘어날 때마다 14씩 커지는 규칙이므로
라 열 왼쪽에서 첫째 좌석은 $29 + 14 = 43$(번),
마 열 왼쪽에서 첫째 좌석은 $43 + 14 = 57$(번)입니다.
$59 = 57 + 2$이므로 시온이의 자리는 **마** 열 왼쪽에서 셋째 자리입니다.

7 ❶ 같은 수를 더하고 빼면 0이므로
■-8＋■-7＋■-6＋■-1＋■＋■$+1$＋■$+6$＋■$+7$＋■$+8＝198$,
■＋■＋■＋■＋■＋■＋■＋■＋■$＝198$
➾ ■$\times 9 = 198$

❷ ■$= 198 \div 9 = 22$
따라서 더했을 때 198이 되는 9개의 수 중 가장 큰 수는 $22 + 8 = 30$입니다.

8 9개의 수 중 한가운데 수를 □라 하면
□-8＋□-7＋□-6＋□-1＋□＋□$+1$＋□$+6$＋□$+7$＋□$+8＝126$,
□＋□＋□＋□＋□＋□＋□＋□＋□$＝126$,
□$\times 9 = 126$, □$= 126 \div 9 = 14$
따라서 더했을 때 126이 되는 9개의 수 중 가장 작은 수는 $14 - 8 = 6$입니다.

9 5개의 수 중 한가운데 수를 □라 하면
□-7＋□-1＋□＋□$+1$＋□$+7＝95$,
□＋□＋□＋□＋□$＝95$, □$\times 5 = 95$,
□$= 95 \div 5 = 19$
따라서 더했을 때 95가 되는 5개의 수 중 가장 큰 수는 $19 + 7 = 26$입니다.

		단원 **6** 유형 마스터		
137쪽	**01**	$1111111 \times 25 = 27777775$		
	02	$1500 + 1200 - 1600 = 1100$		
	03	44개		
138쪽	**04** 112개		**05** 노란색	**06** 10개
139쪽	**07** 55800		**08** 31개	**09** 목요일

01 첫째: $\underset{\underset{1개}{}}{1} \times 25 = 25$

둘째: $\underset{\underset{2개}{}}{11} \times 25 = 2\underset{\underset{(2-1)개}{}}{7}5$

셋째: $\underset{\underset{3개}{}}{111} \times 25 = 2\underset{\underset{(3-1)개}{}}{77}5$

넷째: $\underset{\underset{4개}{}}{1111} \times 25 = 2\underset{\underset{(4-1)개}{}}{777}5$

⇨ 일곱째: $\underset{\underset{7개}{}}{1111111} \times 25 = 2\underset{\underset{(7-1)개}{}}{777777}5$

02
첫째: $100 + 500 - 200 = 400$
둘째: $300 + 600 - 400 = 500$
셋째: $500 + 700 - 600 = 600$
넷째: $700 + 800 - 800 = 700$
  200씩   100씩   200씩   100씩
  커집니다. 커집니다. 커집니다. 커집니다.

계산 결과가 $1100 = 400 + 700$이므로
여덟째: $1500 + 1200 - 1600 = 1100$

03 사각형의 수를 각각 알아보면

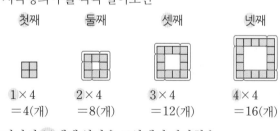

첫째   둘째   셋째   넷째

1×4 2×4 3×4 4×4
$= 4$(개) $= 8$(개) $= 12$(개) $= 16$(개)

따라서 11째에 알맞은 모양에서 사각형은
$11 \times 4 = 44$(개)입니다.

04 바둑돌이 5개씩 늘어나는 규칙입니다.

순서	첫째	둘째	셋째	넷째	다섯째	여섯째	일곱째
늘어난 바둑돌 수(개)	•	5	5×2 $=10$	5×3 $=15$	5×4 $=20$	5×5 $=25$	5×6 $=30$
놓은 바둑돌 수(개)	1	$1+5$ $=6$	$1+10$ $=11$	$1+15$ $=16$	$1+20$ $=21$	$1+25$ $=26$	$1+30$ $=31$

따라서 일곱째 모양까지 배열할 때 필요한 바둑돌은 모두 $1+6+11+16+21+26+31 = 112$(개)입니다.

05 ●●●◎◎◎◎●●이 반복되는 규칙입니다.
$60 \div 7 = 8 \cdots 4$이므로
60째에 놓이는 원은 ●●●◎◎◎◎●●이 8번 반복되고 넷째와 같은 색이므로 노란색입니다.

06
정삼각형이 한 개 늘어날 때마다 성냥개비는 2개씩 늘어납니다.
정삼각형을 1개 만들었을 때 사용하는 성냥개비는 3개이므로 늘어난 성냥개비는 $21 - 3 = 18$(개)입니다.
늘어난 정삼각형은 $18 \div 2 = 9$(개)이므로 성냥개비 21개로 만들 수 있는 정삼각형은 $1 + 9 = 10$(개)입니다.

07

㉠		17802	18803	19804
			28803	29804
	36801			
■				

왼쪽으로 한 칸 갈 때마다 1001씩 작아지는 규칙입니다.
$19804 - 18803 - 17802 - 16801 - 15800$이므로
㉠에 알맞은 수는 15800입니다.
아래쪽으로 한 칸 갈 때마다 10000씩 커지는 규칙입니다.
$15800 - 25800 - 35800 - 45800 - 55800$이므로
■에 알맞은 수는 55800입니다.

08 빨간색 삼각형의 수를 알아보면
첫째: $1 \times 3 = 3$(개)
둘째: $2 \times 3 = 6$(개)
셋째: $3 \times 3 = 9$(개)
넷째: $4 \times 3 = 12$(개)
파란색 삼각형의 수를 알아보면
첫째: 1개
둘째: $1 + 2 = 3$(개)
셋째: $1 + 2 + 4 = 7$(개)
넷째: $1 + 2 + 4 + 6 = 13$(개)
$18 = 6 \times 3$이므로
빨간색 삼각형이 18개일 때는 여섯째입니다.
따라서 여섯째 모양에서 파란색 삼각형은
$1 + 2 + 4 + 6 + 8 + 10 = 31$(개)입니다.

09 색칠한 부분의 가운데 날짜를 □일이라 하면 색칠한 부분의 날짜는 (□−7)일, □일, (□+7)일입니다.
$\square - 7 + \square + \square + 7 = 42$, $\square + \square + \square = 42$,
$\square \times 3 = 42$, $\square = 42 \div 3 = 14$
색칠한 부분의 날짜는 7일, 14일, 21일이고 수요일입니다.
이달의 1일은 7일(수요일)로부터 6일 전이므로 목요일입니다.

기적의 학습서

오늘도 한 뼘 자랐습니다.

3

정답과 풀이